Diagnostizieren & Fördern

Wie Sie mit diesem Buch arbeiten

Wenn Sie gleich starten wollen: Jedes Kapitel der Kopiervorlagen zum Diagnostizieren und Fördern ist nach folgendem Prinzip aufgebaut:

1. **Lernstandsermittlung und Auswertung**
   Die Lernstandsermittlung deckt mögliche Stärken und Probleme auf. Förderempfehlungen geben konkrete Hinweise auf Fördermöglichkeiten und -materialien.

2. **Fördermaterialien**
   Die Fördermaterialien ermöglichen ein individuelles Erarbeiten und Üben. Durch eigenes Tun und Reflektieren wird ein tieferes Verständnis des jeweiligen Inhalts angebahnt.

3. **Erfolgsüberprüfung**
   Eine auf die Lernstandsermittlung rückbezogene Erfolgsüberprüfung deckt auf, in welchem Maße sich Fähigkeiten weiterentwickelt haben.

Diagnostizieren und Fördern

Schülerinnen und Schüler kommen mit den unterschiedlichsten Voraussetzungen in die Schule, sodass Lehrer sich vor der großen Herausforderung sehen, stark heterogene Lerngruppen zu unterrichten.
Daher ist es ein Kernanliegen von Schule, für jedes Kind ein individuelles Leistungsprofil zu erstellen und es seinen Möglichkeiten entsprechend zu fordern bzw. zu fördern.

Dieses Heft unterstützt Sie bei der individuellen Förderung in Ihrer Klasse. Materialien auf unterschiedlichen Anforderungsniveaus decken die individuellen Lernstände und Bedürfnisse Ihrer Schülerinnen und Schüler auf und wecken und stärken das Verständnis der Lerninhalte. Sie sind im Unterricht, in speziellen Förderstunden oder auch zur häuslichen Übung einsetzbar.

Lernstandsermittlung und Auswertung: Fehler produktiv nutzen

Fehler zeigen meist, an welchem Punkt sich ein Kind zurzeit befindet und welche fachlichen Hilfsmittel ihm momentan zur Lösung eines Problems zur Verfügung stehen. Deshalb sollten Fehler produktiv genutzt und nicht grundsätzlich negativ bewertet werden.
Um fehlerhafte Denkstrategien aufzuschlüsseln, ist es hilfreich, sich in diese einzudenken.
Besonders aufschlussreich ist dazu die *prozessbegleitende Fehleranalyse,* bei der das Kind seine Denkprozesse erläutert. Dies kann z. B. durch mündliche Erklärungen erfolgen.
Bei der *ergebnisorientierten Fehleranalyse* werden Fehler in Schülerarbeiten (z. B. Übungs- oder Hausaufgaben) auf Gesetzmäßigkeiten überprüft. Erfahrene Lehrkräfte sehen häufig schnell an der Art des Fehlers, welche Strategie zugrunde lag, und können mit ihren Schülern gemeinsam gezielt an den entsprechenden Stellen weiterarbeiten.
Die Lernstandsermittlungen unterstützen bei der Fehleranalyse, indem sie durch gezielte Aufgabenstellungen insbesondere systematische Fehler im Sinne einer ergebnisorientierten Fehleranalyse herausfordern.
Sie sollten ohne zeitlichen Druck eingesetzt werden.

In den Lernstandsermittlungen wird ein *breites Spektrum an Kompetenzebenen* abgebildet. Die Ergebnisse der Auswertungen weisen auf mögliche Kompetenzen und Schwächen der Lernenden hin.
Durch die jeweiligen Rahmenbedingungen am Testtag (das Kind kann sich an diesem Tag schlecht konzentrieren, eine Aufgabenstellung wird missverstanden, ...) können Einzelergebnisse beeinflusst werden. Deshalb ist es bei Auffälligkeiten empfehlenswert, unterstützend weitere Aufgaben zur Einschätzung einzusetzen, die sich auf die gleiche Kompetenzebene beziehen.
Grundsätzlich gilt: Je mehr Aufgaben zu einer Kompetenzebene durchgearbeitet und analysiert werden, desto sicherer ist auch die Diagnose.
Parallel zur Durchführung der Lernstandsermittlungen erhalten die Kinder die Möglichkeit, ihre *Kompetenzen selbst einzuschätzen:*

sehr leicht	eher leicht	eher schwierig

Die eigenen Reflexionen unterstützen die Einschätzung durch die Lehrkraft und können der Dokumentation des individuellen Leistungsprofils beigefügt werden. Unterschiedliche Sichtweisen von Kompetenzen können als Anlass zur gemeinsamen Diskussion dienen.
Hinter den *Auswertungsanleitungen* befinden sich in den *Kommentaren und Förderempfehlungen* Tipps zur Fehleranalyse. Diese erlauben einen genaueren Blick auf die Fehlerarten und geben konkrete Hinweise auf Fördermöglichkeiten und -materialien.
Es ist empfehlenswert, bei der Auswertung des Diagnose-Materials Fehler nicht nur in einer Übersicht zu dokumentieren, sondern die Fehlerart zu notieren. Auf diese Weise ist es leichter, später einen geeigneten Förderplan zusammenzustellen.

Fördermaterialien: Das verstehende Lernen initiieren
Die sich aus der Lernstandsermittlung ergebenden Förderschwerpunkte sollten mit jedem einzelnen Kind besprochen werden, damit es den folgenden Lernweg reflektiert beschreiten kann.
Für jedes Kapitel gibt es verschiedene Fördermaterialien, mit deren Hilfe *mathematische Inhalte neu angebahnt und Verständnis für den jeweiligen Lerngegenstand entwickelt werden.*
Je nach Ergebnis der Lernstandsermittlung wird mit einem anderen Material gearbeitet.
Die Übungen sind so konzipiert, dass sie größtenteils sehr schnell selbstständig von den Kindern bearbeitet werden können. Die Erklärungen sollten jedoch beim erstmaligen Üben von der Lehrperson vorgelesen werden.

Die im Heft angebotenen Fördermaterialien haben *exemplarischen Charakter,* sie stellen kein vollständiges Förderprogramm dar. Um eine intensive Förderung zu gewährleisten, kann das Material durch ähnlich gestaltete Übungen ergänzt werden. Darüber hinaus befinden sich in den *Kommentaren und Förderempfehlungen* weitere Hinweise für sinnvolle Tätigkeiten im jeweiligen Zusammenhang. Die Materialien sind als Lernaufgaben, nicht als Überprüfungsaufgaben (z. B. für Klassenarbeiten) gestaltet.

Erfolgsüberprüfung: Gelerntes sichtbar machen
Am Ende jedes Kapitels befindet sich eine Lernfortschrittsermittlung, die eingesetzt werden sollte, wenn die vorhandenen und ggf. weitere Fördermaterialien bearbeitet worden sind. Auf der Grundlage der Erfolgsüberprüfung kann entschieden werden, ob ein weiterer, komplexerer Übungsbereich angegangen werden sollte.

Weitere Tipps und Hinweise zum Diagnostizieren und Fördern finden Sie im **Einführungsband zu dieser Reihe:**
Sabine Kliemann (Hrsg., 2010): Diagnostizieren und Fördern. Kompetenzen erkennen, unterstützen und erweitern. Beispiele und Anregungen für die Jahrgänge 1 bis 4, ISBN 978-3-589-05150-2.

Name: ______________________ Klasse: __________ Datum: ______________

Die Aufgabe war:

1. Färbe die größere Zahl.

9	11		16	13		7	5		17	19

2. Finde die Nachbarzahlen.

	13				8				19	

3. Zerlege.

7		
6	+	
	+	2
	+	

15		
	+	
	+	
	+	

4. Setze die Reihen fort.

2	4	6		

18	17	16		

5. Verdopple und halbiere.

2	6		5		8		1	
4		14		18		20		6

6. Rechne.

	2	+	9	=		
1	0	+	3	=		
1	5	+	4	=		
1	2	+	0	=		
	8	+		=	1	0
		+	4	=	1	0

1	4	–	4	=		
	9	–	7	=		
1	8	–	4	=		
1	6	–	0	=		
1	2	+		=	2	0
		+	5	=	2	0

LÖSUNGEN

1. Färbe die größere Zahl.

9	11		16	13		7	5		17	19

2. Finde die Nachbarzahlen.

12	13	**14**		**7**	8	**9**		**18**	19	**20**

3. Zerlege. (Freie Felder: Individuelle Lösungen)

	7	
6	+	**1**
5	+	2
	+	

	15	
	+	
	+	
	+	

4. Setze die Reihen fort.

2	4	6	**8**	**10**

18	17	16	**15**	**14**

5. Verdopple und halbiere.

2	6	**7**	5	**9**	8	**10**	1	**3**
4	**12**	14	**10**	18	**16**	20	**2**	6

6. Rechne.

	2	+	9	=	**1**	**1**
1	0	+	3	=	**1**	**3**
1	5	+	4	=	**1**	**9**
1	2	+	0	=	**1**	**2**
	8	+	**2**	=	1	0
	6	+	4	=	1	0

1	4	–	4	=	**1**	**0**
	9	–	7	=		**2**
1	8	–	4	=	**1**	**4**
1	6	–	0	=	**1**	**6**
1	2	+	**8**	=	2	0
1	**5**	+	5	=	2	0

ZAHLEN UND OPERATIONEN 1

KOMMENTARE UND FÖRDEREMPFEHLUNGEN

Fehlerbeschreibung	Beispiel	Förderempfehlungen
Bei allen Aufgaben können die Ergebnisse der Kinder nur Anhaltspunkte für eine Fehleranalyse sein. In jedem Fall sollten die Rechenwege der Kinder erfragt und mit in die Betrachtung einbezogen werden.		
Aufgabe 1	**Orientierung im Zahlenraum bis 20: Relation**	
Falsche Zahl wurde markiert → noch keine sichere Zahl-Mengen-Vorstellung	[9] [11] *f* [16] [13] *f*	• Fördermaterial „Orientierung im Zahlenraum bis 20: Zahl-Mengen-Vorstellung" (Seiten 7–9)
Aufgabe 2	**Orientierung im Zahlenraum bis 20: Nachbarzahlen**	
Nachbarzahlen wurden falsch notiert oder gar nicht eingesetzt → mangelnde Orientierung im Zahlenraum bis 20 → Unsicherheit in der Zahlwortreihe	[**17**] [19] [**16**] *f*	• Fördermaterial „Orientierung im Zahlenraum bis 20: Zahlwortreihe" (Seite 10) • Fördermaterial „Orientierung im Zahlenraum bis 20: Zahl-Mengen-Vorstellung" (Seiten 7–9)
Aufgabe 3	**Orientierung im Zahlenraum bis 20: Zerlegung von Zahlen**	
Keine oder falsche Zahlen eingesetzt → Zahl als Ordinalzahl betrachtet und daher nicht zerlegbar → keine oder mangelnde Vorstellung von der Struktur der Zahlen → keine oder mangelnde Vorstellung von kleineren Mengen	7 6 + **5** *f* **3** + 2 *f* 4 + **5** *f*	• Fördermaterial „Orientierung im Zahlenraum bis 20: Zahlwortreihe" (Seite 10) • Fördermaterial „Strukturierte Zahldarstellung" (Seiten 13–15) • Legen von Zahlen mit Wendeplättchen
Bearbeitung aller Zerlegungen mit teilweise falschen Ergebnissen, die um 1 vom richtigen Ergebnis abweichen Zählfehler, Zählen von einem Operator aus → keine oder mangelnde Vorstellung von der Struktur der Zahlen → keine oder mangelnde Vorstellung von kleineren Mengen	7 6 + **2** *f* **6** + 2 *f* 4 + **4** *f* Weiterzählen z. B. von der 6 aus bis zur 7, dabei wird die 6 mitgezählt.	• Fördermaterial „Strukturierte Zahldarstellung" (Seiten 13–15) • Fördermaterial „Zerlegungen" (Seiten 16–21) • Übungen mit der Schüttelbox • Übungen mit Wendeplättchen (Verdecken von Teilmengen)
Falsche Ergebnisse durch Addieren der sichtbar vorhandenen Zahlen → Unsicherheit beim Aufgabenformat	**7** 6 + **13** 7 + 6 = 13 *f* **9** + 2 7 + 2 = 9 *f* 4 + **11** 7 + 4 = 11 *f*	• Fördermaterial „Zerlegungen" (Seiten 16–21)
Aufgabe 4	**Orientierung im Zahlenraum bis 20: Reihen**	
Falsche Zahlen eingesetzt → Unsicherheit in der Zahlwortreihe → Reihenaufbau (Systematik der 2er- bzw. 5er-Sprünge) nicht verstanden → Nachfolger eingesetzt → Aufgabe durch Abzählen gelöst	[2] [4] [6] [8] [**11**] *f* [2] [4] [6] [**7**] [**8**] *f* [18] [17] [16] [**14**] [**10**] *f*	• Fördermaterial „Orientierung im Zahlenraum bis 20: Zahlwortreihe" (Seite 10) • Fördermaterial „Strukturen erkennen" (Seiten 11, 12) • Handelndes Bündeln und Erfassen mit konkretem Zählmaterial

KOMMENTARE UND FÖRDEREMPFEHLUNGEN

<table>
<tr><th>Aufgabe 5</th><th colspan="2">Verdoppeln und Halbieren im Zahlenraum bis 20</th></tr>
<tr>
<td>Falsche Zahlen eingesetzt
→ Reihenaufbau nicht verstanden
→ Nachfolger eingesetzt
Zählfehler
→ Aufgabe durch Abzählen gelöst
→ Nicht-Verständnis der Begriffe „Verdoppeln"/„Halbieren"
→ keine oder mangelnde Vorstellung von der Struktur der Zahlen
→ keine oder mangelnde Vorstellung von kleineren Mengen</td>
<td><table><tr><td>6</td><td>**8**</td><td>5</td><td>**10**</td><td>8</td><td>*f*</td></tr><tr><td>**9**</td><td>14</td><td>**8**</td><td>18</td><td>**13**</td><td>*f*</td></tr></table>
<table><tr><td>6</td><td>**8**</td><td>5</td><td>**10**</td><td>8</td><td>*f*</td></tr><tr><td>**12**</td><td>14</td><td>**10**</td><td>18</td><td>**16**</td><td>*f*</td></tr></table>
Verdoppelungsaufgaben wurden richtig durch Abzählen gelöst</td>
<td>• Fördermaterial „Strukturierte Zahldarstellung" (Seiten 13–15)
• Fördermaterial „Zerlegungen" (Seiten 16–21)
• Übungen mit Wendeplättchen zum Halbieren und Verdoppeln (Abdecken, Wegnehmen, Hinzufügen)</td>
</tr>
<tr><th>Aufgabe 6</th><th colspan="2">Addition, Subtraktion, Ergänzen im Zahlenraum bis 20</th></tr>
<tr>
<td>Zählfehler beim zählenden Rechnen
→ Keine oder mangelnde Vorstellung von gegliederten Mengen
→ Zahlen werden nicht als Mengen, sondern als Aneinanderreihung von Einzelobjekten gesehen
→ Keine oder mangelnde Vorstellung von Zahlbeziehungen
→ Nicht-Nutzung von Hilfsaufgaben und einfachen Strukturen</td>
<td><table><tr><td>2</td><td>+</td><td>9</td><td>=</td><td>**10**</td><td>*f*</td></tr><tr><td>**15**</td><td>+</td><td>4</td><td>=</td><td>**20**</td><td>*f*</td></tr><tr><td>9</td><td>–</td><td>**7**</td><td>=</td><td>**3**</td><td>*f*</td></tr><tr><td>10</td><td>+</td><td>3</td><td>=</td><td>**12**</td><td>*f*</td></tr><tr><td>18</td><td>–</td><td>4</td><td>=</td><td>**13**</td><td>*f*</td></tr></table>
(Hilfsaufgabe: 8 – 4 = 4)</td>
<td>• Fördermaterial „Strukturierte Zahldarstellung" (Seiten 13–15)
• Fördermaterial „Zerlegungen" (Seiten 16–21)
• Fördermaterial „Zahlbeziehungen" (Seiten 22, 23)
• Fördermaterial „Analogieaufgaben" (Seite 24)
• Fördermaterial „Umkehraufgaben" (Seite 25)
• Ausführen von Handlungen (Wegnehmen, Hinzufügen), Nennen oder Notieren der entsprechenden Aufgaben, Verdeutlichung der Subtraktion als Umkehrung der Addition</td>
</tr>
<tr>
<td>Keine oder falsche Ergebnisse
→ keine oder mangelnde Einsicht in die Operationen Addition/ Subtraktion</td>
<td><table><tr><td>9</td><td>–</td><td>**7**</td><td>=</td><td>**12**</td><td>*f*</td></tr><tr><td>2</td><td>+</td><td>9</td><td>=</td><td>**8**</td><td>*f*</td></tr></table></td>
<td>• Fördermaterial „Umkehraufgaben" (Seite 26)
• Handlungsorientierte Übungen (Wegnehmen, Hinzufügen) mit Notieren der Rechenaufgabe zur Festigung des Rechenzeichens</td>
</tr>
<tr>
<td>Vertauschen des Rechenzeichens</td>
<td><table><tr><td>14</td><td>–</td><td>4</td><td>=</td><td>**18**</td><td>*f*</td></tr><tr><td>15</td><td>+</td><td>4</td><td>=</td><td>**11**</td><td>*f*</td></tr></table></td>
<td>• Fördermaterial „Rechenzeichen" (Seite 26)
• Handlungsorientierte Übungen (Wegnehmen, Hinzufügen) mit Notieren der Rechenaufgabe zur Festigung des Rechenzeichens</td>
</tr>
<tr>
<td>Vorhandene Faktoren werden addiert/subtrahiert
Kein oder mangelndes Verständnis des Ergänzens</td>
<td><table><tr><td>8</td><td>+</td><td>**18**</td><td>=</td><td>10</td><td>*f*</td></tr><tr><td>**25**</td><td>+</td><td>5</td><td>=</td><td>20</td><td>*f*</td></tr><tr><td>**14**</td><td>+</td><td>4</td><td>=</td><td>10</td><td>*f*</td></tr></table></td>
<td>• Übungen mit der Schüttelbox
• Fördermaterial „Zerlegungen" (Seiten 16–21)
• Fördermaterial „Ergänzen" (Seite 25)</td>
</tr>
</table>

Orientierung im Zahlenraum bis 20: Zahl-Mengen-Vorstellung

Vorbereitung: Mengenkarten (KV 1 a/1 b, S. 8/9) und Zahlenkarten (KV 2, S. 10) kopieren, laminieren und auseinanderschneiden.

Übungen mit den Mengenkarten (KV 1 a/1 b, S. 8/9) und den Zahlenkarten (KV 2, S. 10)

1. Sortiere die Mengenkarten der Menge nach und lege die passenden Zahlenkarten dazu.

2. Sortiere die Zahlenkarten. Fange mit der kleinsten (der größten) Zahl an. Lege die passenden Mengenkarten dazu.

3. (Spiel für 2–4 Spieler) **Zahlen klatschen:**
   Alle Mengenkarten liegen offen durcheinander vor euch auf dem Tisch. Die Zahlenkarten liegen verdeckt daneben. Du deckst eine Zahlenkarte auf. Die anderen Kinder müssen so schnell wie möglich die passende Mengenkarte suchen und mit der Hand daraufklatschen. Der Schnellste darf die Karte behalten. Sieger ist der Spieler mit den meisten Karten am Schluss.

4. (Spiel für 2–4 Spieler) **Zahlen raten:**
   Die Mengenkarten liegen verdeckt vor euch auf dem Tisch. Ihr deckt reihum eine Karte auf. Derjenige, der am schnellsten die richtige Zahl sagt, darf die Karte behalten. Sieger ist der Spieler, der am Schluss die meisten Karten hat.

5. (Spiel für 2–4 Spieler) **Memory:**
   Alle Mengenkarten und Zahlenkarten liegen verdeckt vor euch auf dem Tisch. Ihr deckt reihum immer je eine Mengenkarte und eine Zahlenkarte auf. Findet ihr ein Pärchen, dürft ihr es behalten. Sieger ist der Spieler mit den meisten Pärchen am Ende des Spiels.

Übungen mit den Zahlenkarten (KV 2, S. 10) und dem Zwanzigerfeld (S. 64)

Zusätzliches Material: Wendeplättchen oder anderes Zählmaterial (Nüsse, Steine etc.), ein Beutel, ein etwas größeres Buch

1. Die Zahlenkarten liegen verdeckt auf dem Tisch. Du deckst nach und nach eine Karte auf und legst die passende Menge Zählmaterial dazu. Dabei zählst du laut mit.

2. Suche dir einen Partner. Du legst eine Menge von Zählmaterial auf den Tisch. Dein Partner zählt laut und legt die passende Zahlenkarte zu der Menge. Wechselt euch ab.

3. Die Zahlenkarten liegen verdeckt vor dir auf dem Tisch. Ein Beutel mit Zählmaterial liegt daneben. Du deckst eine Karte auf und nennst die Zahl. Ziehe dann aus dem Beutel die passende Menge an Material. Zähle auf dem Tisch laut nach.

4. Die Zahlenkarten liegen verdeckt auf dem Tisch. Decke eine Karte auf und lege die passende Menge an Material auf das Zwanzigerfeld.

5. (Spiel für 2–4 Spieler) Du ziehst eine Zahlenkarte, zeigst sie den anderen nicht, sondern legst die passende Menge verdeckt hinter einem Buch auf das Zwanzigerfeld. Dann nimmst du das Buch weg und die anderen Spieler müssen die Zahl sagen. Der Schnellste bekommt einen Stein. Sieger ist der Spieler mit den meisten Steinen am Ende des Spiels.

Orientierung im Zahlenraum bis 20: Zahl-Mengen-Vorstellung

KV 1a: Mengenkarten 1 – 10

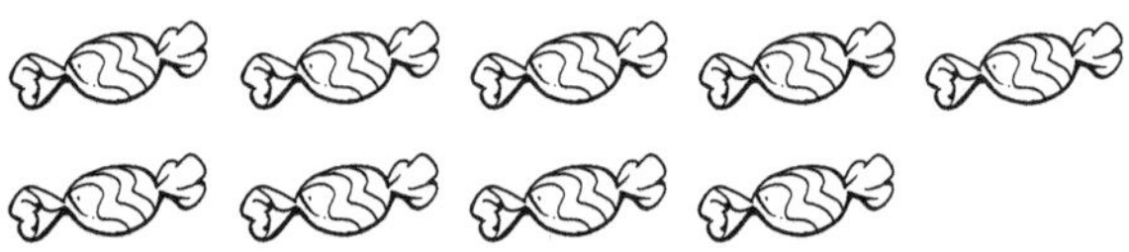

Orientierung im Zahlenraum bis 20: Zahl-Mengen-Vorstellung

KV 1b: Mengenkarten 11 – 20

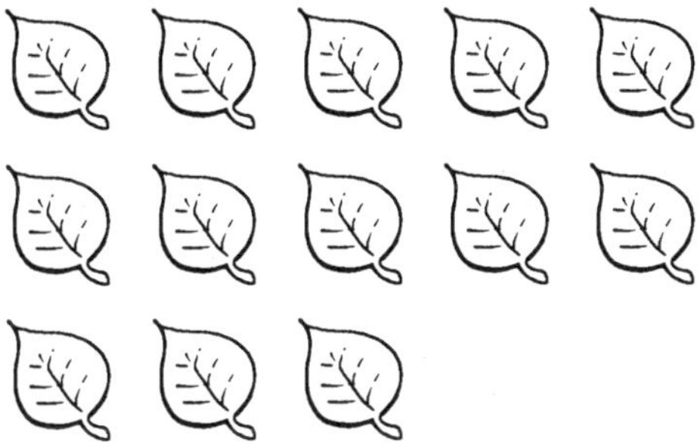

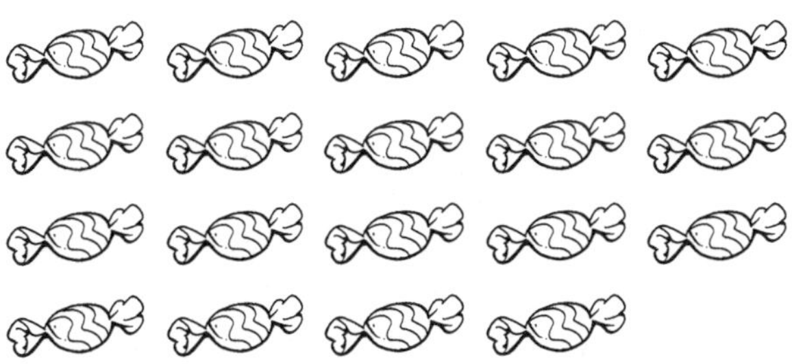

Orientierung im Zahlenraum bis 20: Zahlwortreihe

KV 2: Zahlenkarten

1	2	3	4	5
6	7	8	9	10
11	12	13	14	15
16	17	18	19	20
0				

Zusätzliches Material: Steine oder Wendeplättchen, Bingokarten (S. 64)

Übungsmöglichkeiten:

1. Lege die Karten der Reihe nach auf den Tisch. Fange mit der größten (kleinsten) Zahl an. Sprich die Zahlen dabei laut.

Partnerübungen:

2. Lege eine Zahl auf den Tisch. Nun legt dein Partner den Vorgänger und den Nachfolger dazu. Wechselt euch ab.
3. Lege eine Karte auf den Tisch und sage „vorwärts" oder „rückwärts". Dein Partner zählt laut von dieser Zahl an rückwärts bis zur 0 oder vorwärts bis 20. Wechselt euch ab.
4. Alle Karten liegen sortiert von 0 – 20 offen vor euch auf dem Tisch. Dein Partner schließt die Augen, du entfernst einige Karten. Dein Partner nennt die fehlenden Zahlen. Wechselt euch ab.
5. Alle Karten liegen sortiert von 0 – 20 verdeckt vor euch auf dem Tisch. (0 und 20 können als Hilfe aufgedeckt werden.) Du tippst auf eine Karte, und dein Partner nennt die Zahl. Kontrolliert, indem ihr die Karte umdreht.
   Variante für 4 und 5: Die Zahlen liegen nicht in einer Reihe von 0 – 20, sondern wie im Zwanzigerfeld von 1 – 10 und von 11 – 20.
6. **Zahlenbingo:** Suche dir mindestens zwei Partner. Einer von euch ist der Spielleiter, alle anderen füllen eine Bingokarte (3 x 3 oder 4 x 4) mit Zahlen von 0 – 20 aus. Jede Zahl darf nur einmal vorkommen. Alle Zahlenkarten liegen verdeckt auf dem Tisch. Der Spielleiter zieht jeweils eine Zahlenkarte und nennt die Zahl. Wenn du die Zahl auf deiner Bingokarte findest, lege ein Wendeplättchen oder einen Stein darauf. Wer zuerst eine Reihe senkrecht, waagerecht oder diagonal komplett hat, ruft „Bingo" und hat gewonnen. Nun ist ein anderes Kind Spielleiter.

KV 3: Strukturen erkennen, AB „Wie geht es weiter?“

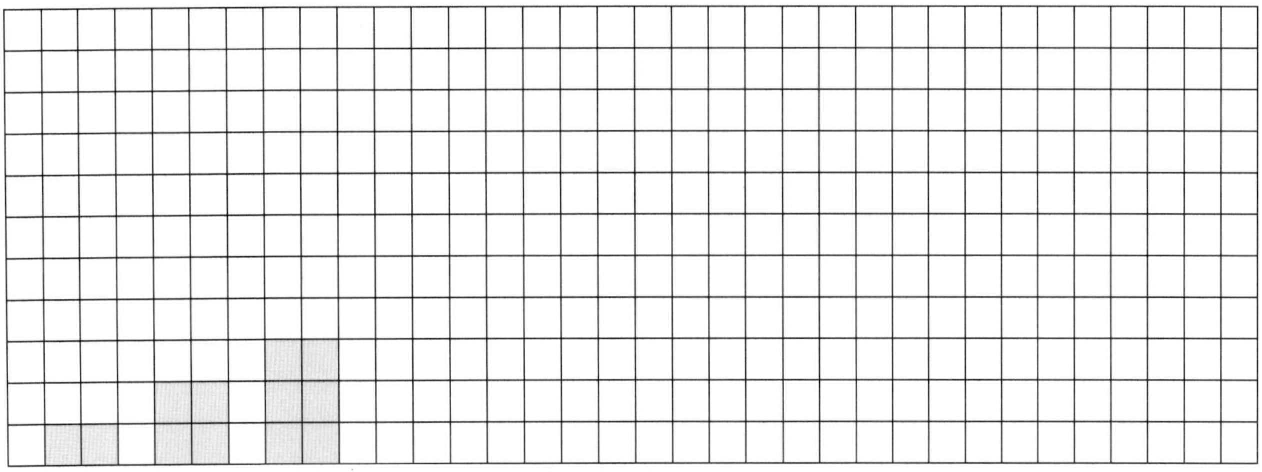

2	4									

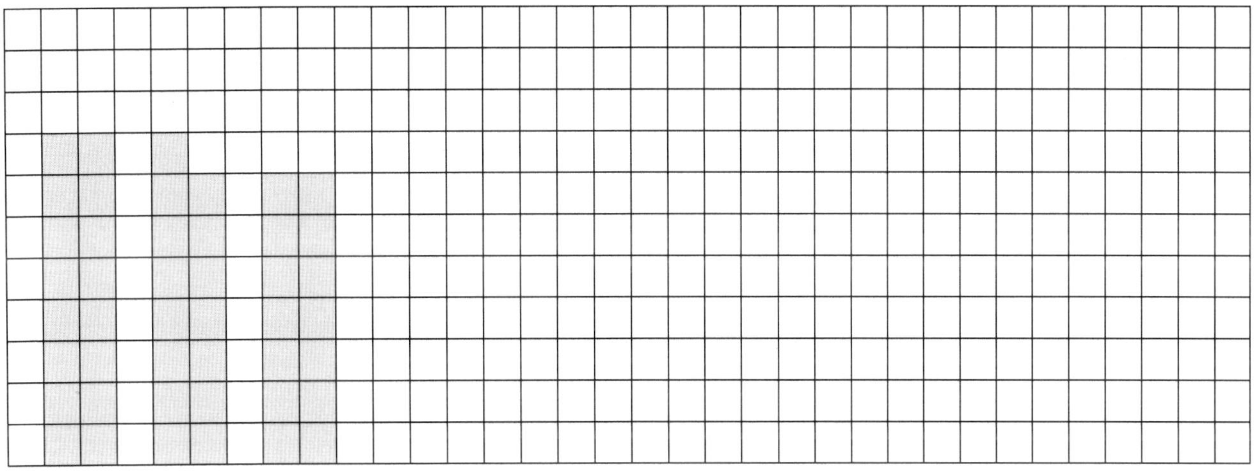

16	15									

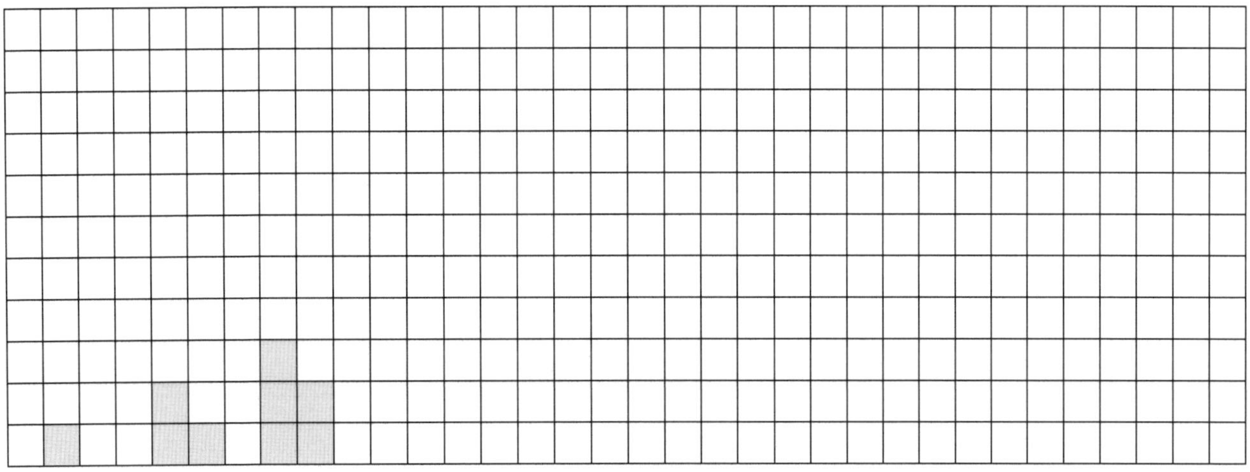

1	3									

KV 3: Strukturen erkennen, AB „Wie geht es weiter?“ (Blankovorlage)

Strukturierte Zahldarstellung

Zusätzliches Material: Zwanzigerfeld (S. 64), Wendeplättchen, Zahlenkarten (KV 2, S. 10)

Übungsmöglichkeiten mit den Zwanzigerfeldern (KV 4a/b, S. 14/15)

Vorbereitung: Zwanzigerfelder (KV 4a, S. 14) mehrfach kopieren, Karten ausschneiden. Blankovorlage (KV 4b, S. 15) ebenfalls kopieren, Zahlen (1 – 20) unterschiedlich strukturiert, zweifarbig wie im Beispiel darstellen. Karten laminieren und auseinanderschneiden.

Beispiel: 5

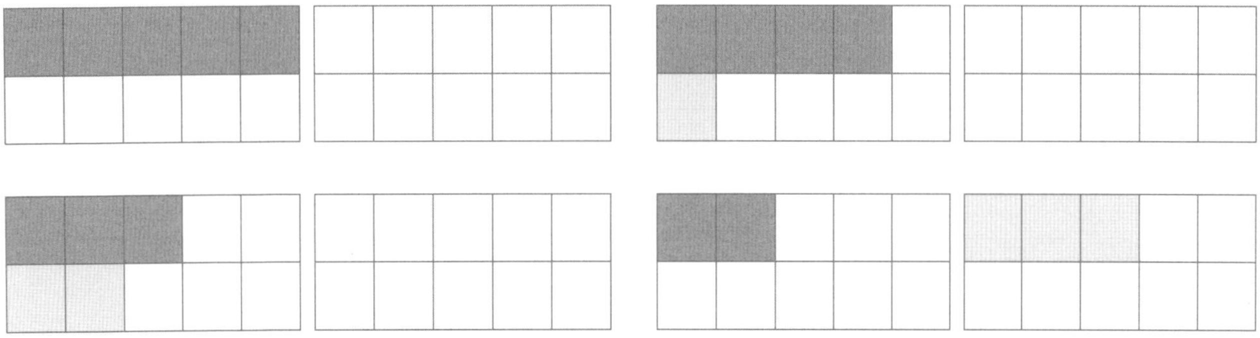

Übungsmöglichkeiten:

1. Die Karten mit Zwanzigerfeldern liegen verdeckt auf dem Tisch. Du deckst eine Karte auf. Dann legst du die Plättchen genauso auf dein Zwanzigerfeld und nennst die Zahl.
   Variante: Nenne eine passende Plusaufgabe.

2. Die Karten mit Zwanzigerfeldern liegen offen vor dir auf dem Tisch. Sortiere die Karten so, dass gleiche Mengen zusammenliegen.
   Variante: Schreibe zu einer bestimmten Menge alle Plusaufgaben auf, die du erkennst. Zum Beispiel:
   $5 = 5 + 0$, $5 = 4 + 1$, $5 = 3 + 2$, ...

3. Suche dir einen Partner: Du hältst die Karten mit den Zwanzigerfeldern in der Hand und zeigst deinem Partner kurz eine Karte. (Zähle dabei im Kopf bis 3.) Dein Partner muss dann die entsprechende Zahl sagen.
   Variante: Dein Partner kann auch die Plusaufgabe sagen, die er sieht.

4. (Spiel für 2–4 Spieler) **Zahlen sammeln:** Ihr braucht die Karten mit den Zwanzigerfeldern und die Zahlenkarten. Legt die Karten mit den Zwanzigerfeldern offen auf den Tisch und die Zahlenkarten verdeckt auf einen Stapel daneben. Eine Zahlenkarte wird aufgedeckt und ihr müsst so schnell wie möglich alle möglichen Zwanzigerfelder einsammeln, die zu der Zahl passen. Dann deckt ihr die nächste Zahlenkarte auf. Sieger ist der Spieler, der am Ende des Spiels die meisten Karten hat.

5. (Spiel für 2–4 Spieler) **Memory:** Legt die Karten mit den Zwanzigerfeldern verdeckt auf den Tisch. Es müssen von jeder Zahl zwei verschiedene Karten dabei sein. Reihum deckt ihr nun immer je zwei Karten auf. Pärchen dürfen behalten werden. Sieger ist der Spieler mit den meisten Pärchen am Ende des Spiels.

Strukturierte Zahldarstellung

KV 4a: Zwanzigerfelder zur Zahl 10

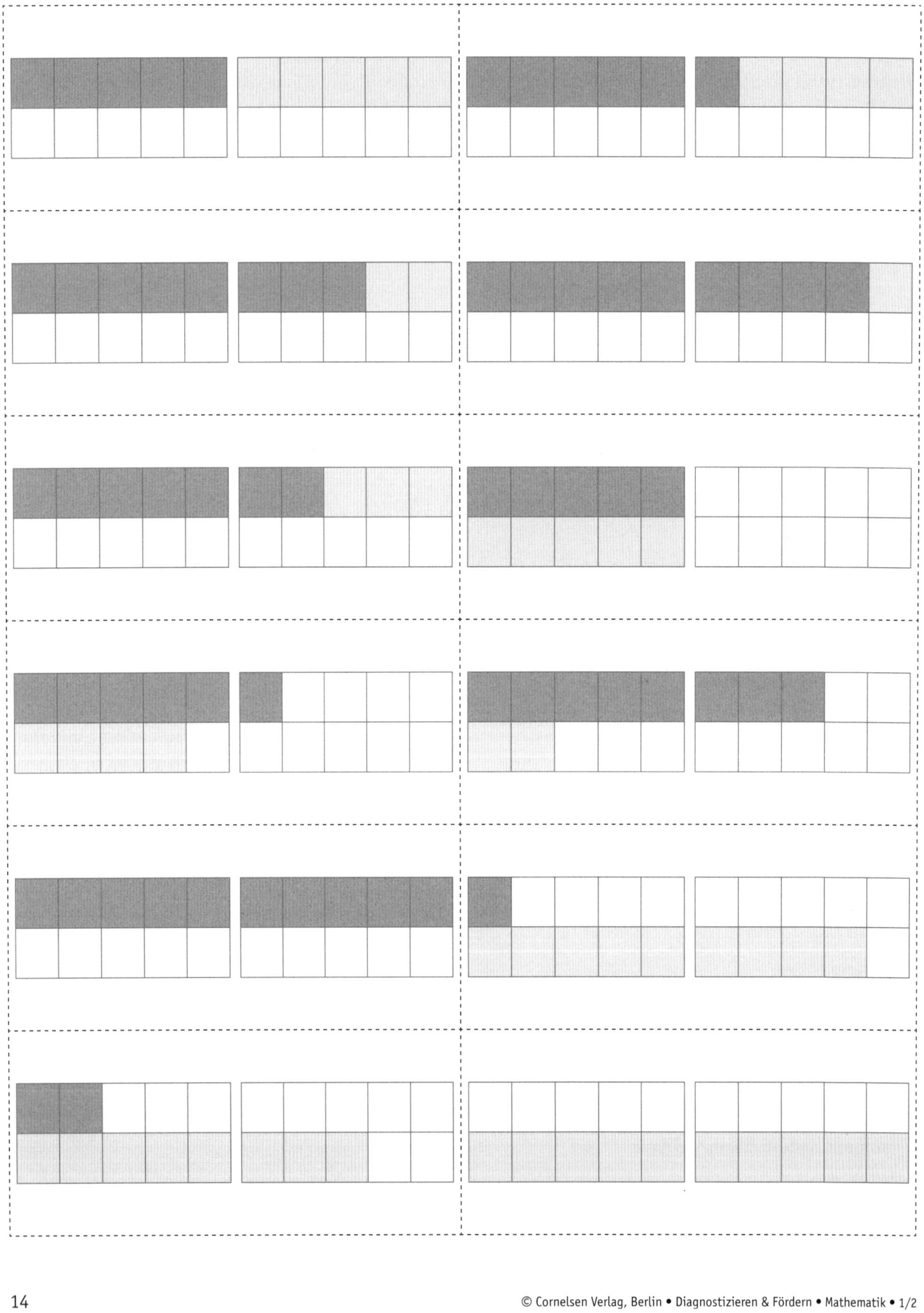

Strukturierte Zahldarstellung

KV 4b: Zwanzigerfelder Blankovorlage

Zerlegungen

Zusätzliches Material: Zahlenkarten (KV 2, S. 10), Wendeplättchen

Vorbereitung: Das große Zerlegungshaus (KV 5, unten) wird kopiert und laminiert. Die Kopiervorlage Zerlegungshäuser (KV 6, S. 17) wird nach Bedarf kopiert und ausgefüllt. Dabei können verschiedene Aufgabentypen gewählt werden (siehe Beispiele). Es empfiehlt sich, die Zerlegungshäuser auseinanderzuschneiden und dem Schüler/der Schülerin immer nur eines als Aufgabe zu geben, damit die Aufgabe eindeutig ist.

Beispiele:

	4	
1	+	
2	+	
3	+	
4	+	

	4	
2	+	
0	+	
3	+	
1	+	

	4	
4	+	
	+	1
	+	2
3	+	

	4	
	+	
	+	
	+	
	+	

Übungsmöglichkeit:
Schaue, welche Zahl im Dach des kleinen Hauses steht. Suche die passende Zahlenkarte und lege sie in das Dach deines Hauses. Nimm dir dann die passende Anzahl Plättchen. Wenn in dem kleinen Haus keine Zahlen vorgegeben sind, versuche, so viele Zerlegungen wie möglich zu finden. Wenn Zahlen vorgegeben sind, lege die Plättchen entsprechend in dein Haus und versuche, die fehlenden Zahlen zu finden. Schreibe deine Ergebnisse in das kleine Zahlenhaus.

KV 5: Großes Zerlegungshaus

Zerlegungen

KV 6: Zerlegungshäuser, Blankovorlagen

	+			+			+			+	
	+			+			+			+	
	+			+			+			+	
	+			+			+			+	

	+			+			+			+	
	+			+			+			+	
	+			+			+			+	
	+			+			+			+	
	+			+			+			+	
	+			+			+			+	
	+			+			+			+	
	+			+			+			+	
	+			+			+			+	
	+			+			+			+	

Zerlegungen

Weitere Übungsmöglichkeiten:

Zusätzliches Material: 2 x Zahlenkarten (KV 2, S. 10) von 0–12, 2 Würfel

1. Lege die Zahlenkarten von **2 – 12** auf den Tisch. Dann würfelst du gleichzeitig mit beiden Würfeln. Zähle die Punkte auf beiden Würfeln zusammen und drehe die passende Karte um. Würfle so lange, bis du alle Karten umgedreht hast.
   Variation: (Spiel für 2 Spieler) Jeder von euch legt die Zahlenkarten von **2 – 12** vor sich auf den Tisch. Dann würfelt ihr abwechselnd mit beiden Würfeln gleichzeitig. Zählt jeweils die Punkte auf euren Würfeln zusammen und dreht die passende Karte um. Derjenige, der zuerst alle seine Karten umgedreht hat, hat gewonnen.

2. Lege die Zahlenkarten von **0 – 12** auf den Tisch. Würfle gleichzeitig mit beiden Würfeln. Zähle die Punkte auf beiden Würfeln zusammen. Nun hast du mehrere Möglichkeiten, Karten umzudrehen:
   Beispiel: Du hast eine 2 und eine 3 gewürfelt. Zusammen sind das 5 Punkte. Nun kannst du entweder die Karte mit der 5 umdrehen oder mehrere Karten, die zusammen 5 ergeben, z. B. **4** und **1, 2** und **3, 0** und **5** oder **4** und **1** und **0.**
   Variation: (Spiel für 2 Spieler) Jeder von euch legt die Zahlenkarten von **0 – 12** vor sich auf den Tisch. Dann würfelt ihr abwechselnd mit beiden Würfeln gleichzeitig. Zählt jeweils die Punkte auf euren Würfeln zusammen und dreht die Karten wie beim Einzelspiel um. Derjenige, der zuerst alle seine Karten umgedreht hat, hat gewonnen.

Zusätzliches Material: Zahlenstreifen (S. 64), Schere, Kleber, Papier

Vorbereitung: Die Zahlenstreifen (S. 64) werden mehrfach auf farbiges Papier kopiert und auseinandergeschnitten, sodass für jede Zahl von 2 – 10 ausreichend Streifen zur Verfügung stehen. Die Streifen können zum Beispiel in Schachteln, die mit der entsprechenden Zahl beschriftet sind, in der Klasse gelagert werden.

1. Nimm dir einen Streifen zu einer Zahl und ein Blatt Papier. Schneide den Streifen in zwei (**oder mehr**) Teile. Die Stelle, an der du schneidest, kannst du dir aussuchen. Klebe beide Teile auf das Blatt und schreibe die passende Plusaufgabe dazu.
   Nimm dir einen weiteren Streifen zu der gleichen Zahl. Schneide den Streifen an einer anderen Stelle auseinander und klebe die Teile unter die erste Aufgabe. Schreibe wieder die Plusaufgabe dazu.

   Wie viele Aufgaben findest du?

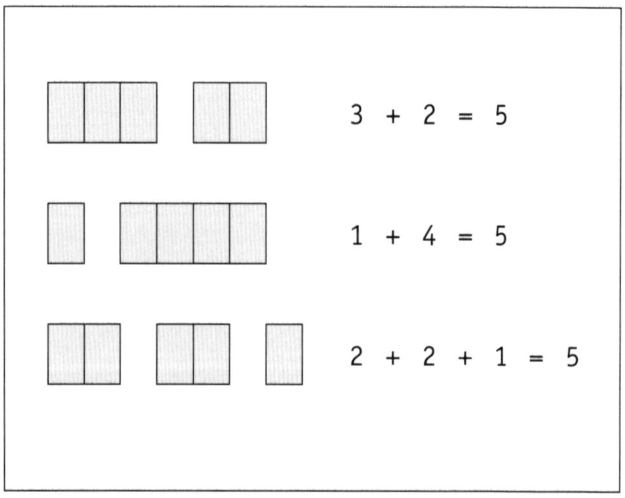

Zerlegungen

Weitere Übungsmöglichkeiten

Material: Arbeitsblätter (KV 6a/b, S. 20/21), Buntstifte

1. Nimm dir ein Arbeitsblatt. Male zu jeder Zahl verschiedene Muster wie im Beispiel und schreibe die passende Plusaufgabe darunter.

Beispiele:

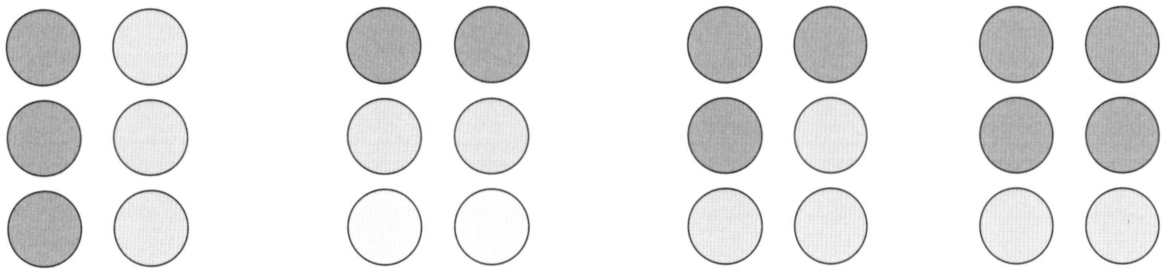

3 + 3 = 6   2 + 2 + 2 = 6   3 + 3 = 6   4 + 2 = 6

Spiel für 2 Kinder

Material: Plättchen oder Steine

2. Suche dir einen Partner. Legt eine bestimmte Anzahl von Plättchen oder Steinen (5 – 20) vor euch auf den Tisch. Einer von euch zerlegt die Menge in zwei Teile und nennt die passende Plusaufgabe dazu, z. B. 7 = 4 + 3.
   (Die Teile müssen nicht gleich sein.)
   Der andere sucht sich einen Teil aus und zerlegt diesen wiederum in zwei Teile. Das macht ihr abwechselnd, bis keine Zerlegung mehr möglich ist.
   Gewinner ist derjenige, der die letzte Zerlegung gefunden hat.

   Wie viele Aufgaben findet ihr?

Beispiel:

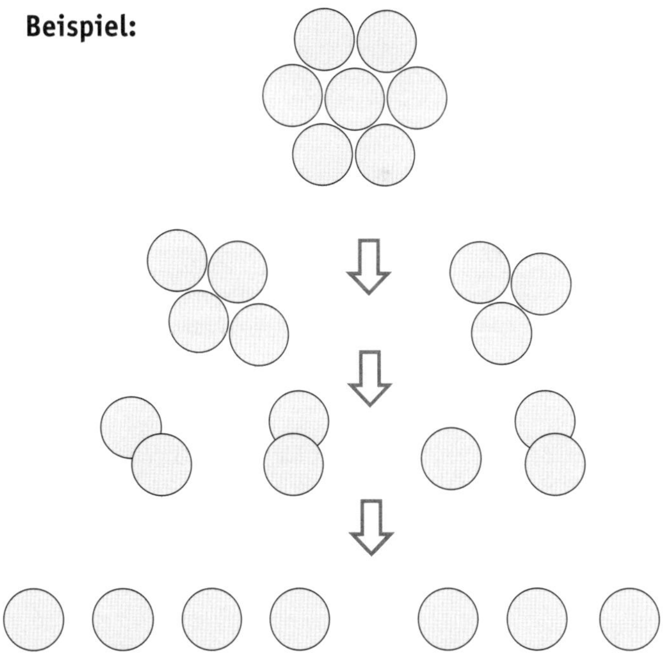

Variante: Achtet darauf, dass die Zerlegungen nicht gleich groß sind (Halbieren verboten).

Zerlegungen

KV 6a: Muster finden

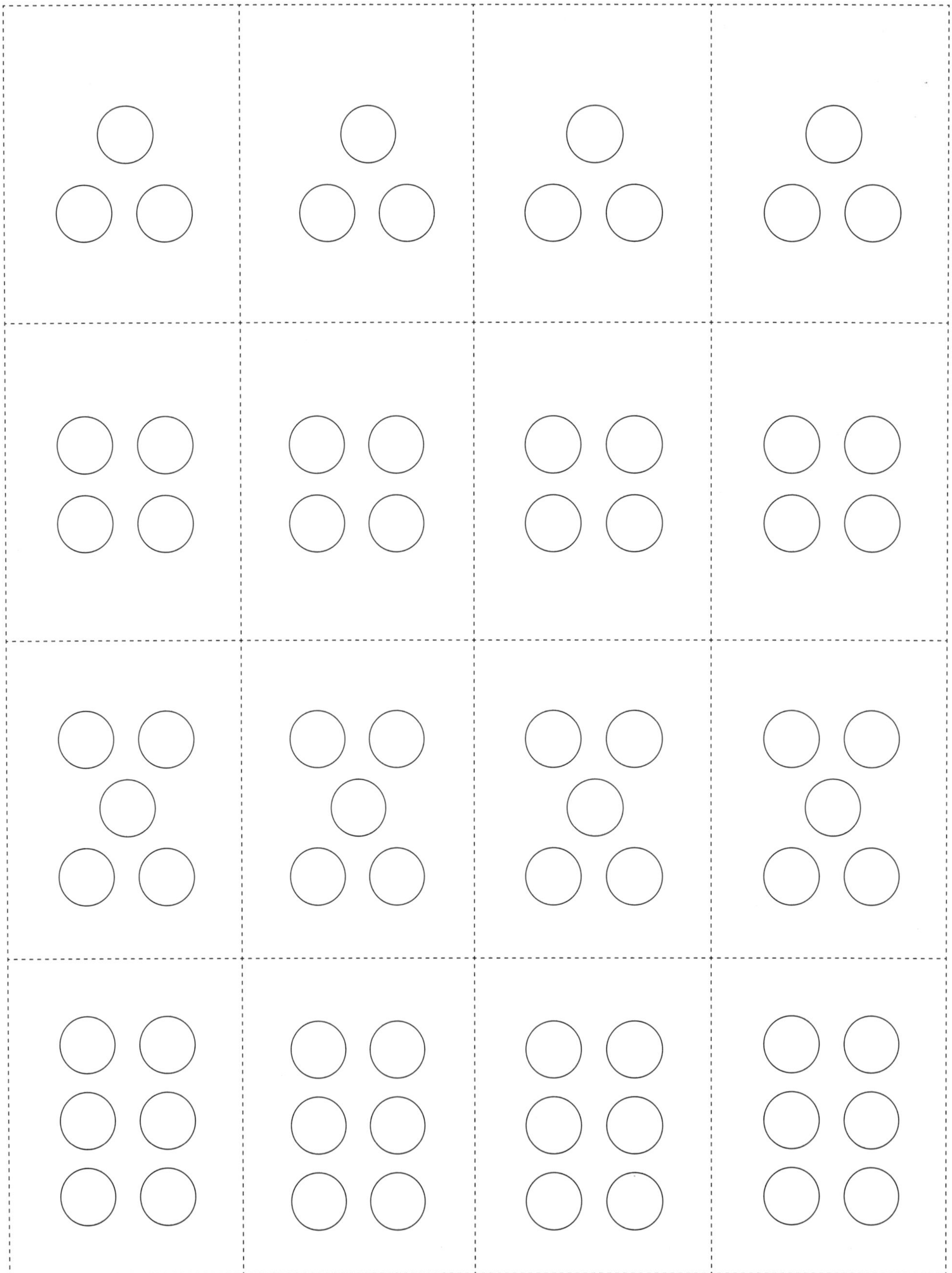

Zerlegungen

KV 6b: Muster finden

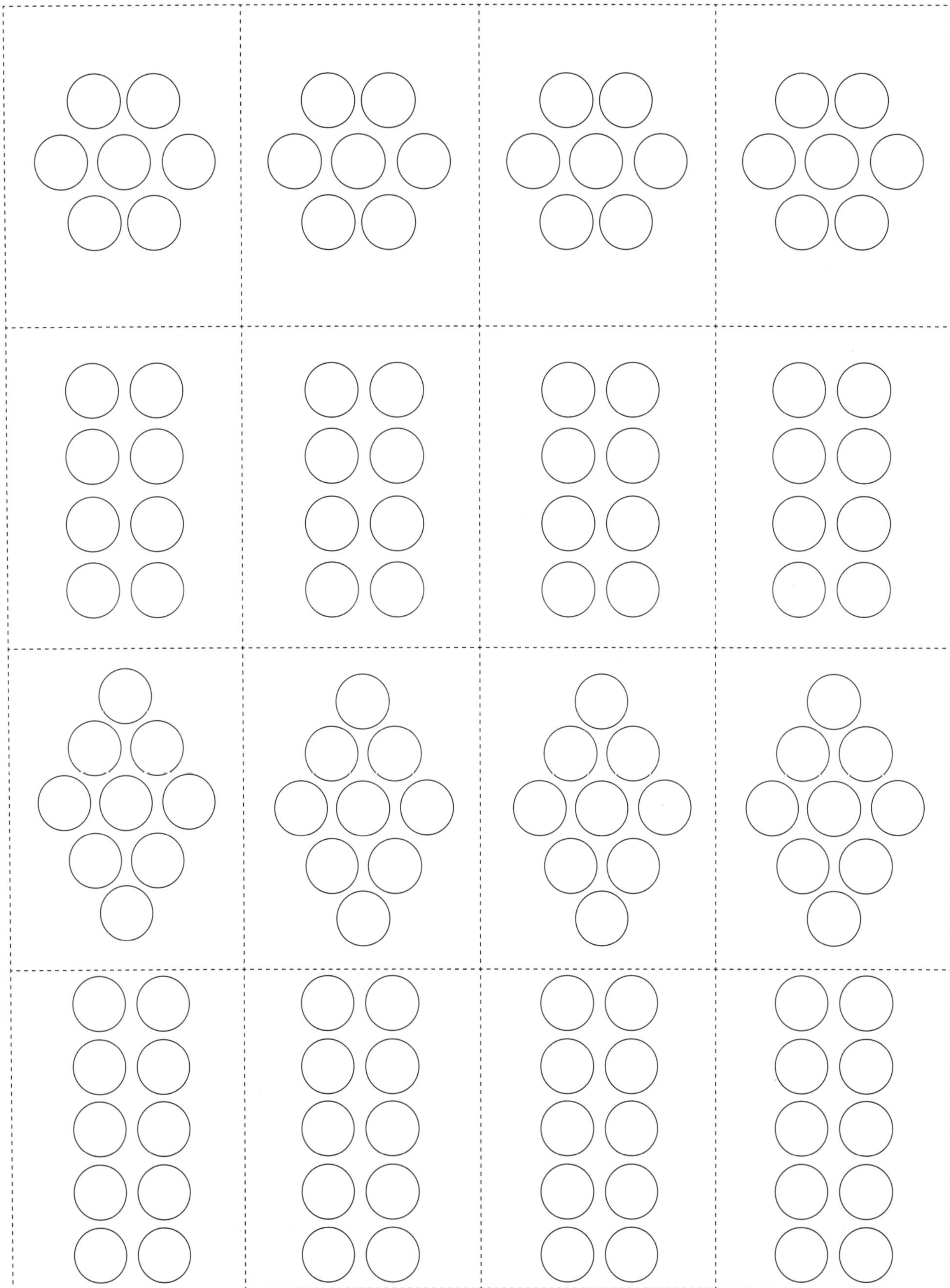

Zahlbeziehungen

Zusätzliches Material: Wendeplättchen, Folienstift oder Rechenheft/Papier

Übungsmöglichkeiten zu den Rechenkarten „Schlaue Päckchen" (KV 7, S. 23)

1. Suche dir einen Partner.
   Nehmt euch eine Rechenkarte mit **Plusaufgaben** und legt die Aufgaben mit zweifarbigen Wendeplättchen wie auf dem Bild rechts untereinander.
   Fällt euch etwas auf? Versucht zu beschreiben, was ihr seht.
   Weiterführung: Überlegt, wie das Muster (das Päckchen) weitergehen könnte.
   Weiterführung: Rechnet die Aufgaben aus. Schreibt eure Ergebnisse mit einem Folienstift auf die Karten.
   Fällt euch etwas auf? Versucht zu beschreiben, was ihr seht.

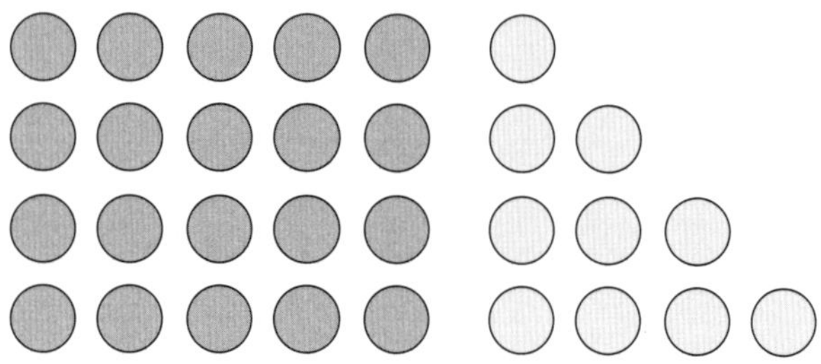

2. Suche dir einen Partner.
   Nehmt euch jeweils eine Rechenkarte mit **Plus- oder Minusaufgaben.** Rechnet die Aufgaben aus und schreibt die Ergebnisse auf die Karte oder die ganze Aufgabe in euer Rechenheft. Anschließend tauscht ihr die Karten (das Heft) und kontrolliert euch gegenseitig.
   Beschreibt eurem Partner, was euch an eurer Karte aufgefallen ist.
   Weiterführung: Findet für eure Karte, sofern es möglich ist, zwei weitere passende Aufgaben.
   Weiterführung: Versucht, selbst eine Karte mit einem schlauen Päckchen herzustellen.

Übungsmöglichkeiten zu den Rechenkarten „Stolperpäckchen" (KV 8, S. 23)

1. Suche dir einen Partner.
   Nehmt euch eine Rechenkarte mit **Plusaufgaben** und legt die Aufgaben mit zweifarbigen Wendeplättchen untereinander. Findet die Aufgabe, die nicht in das Päckchen passt. Erklärt, warum diese Aufgabe nicht passt.
   Weiterführung: Findet die passende Aufgabe.

2. Suche dir einen Partner.
   Nehmt euch jeweils eine Rechenkarte mit **Plus- oder Minusaufgaben.** Rechnet die Aufgaben aus und schreibt die Ergebnisse auf die Karten oder die ganze Aufgabe in euer Rechenheft.
   Markiert die Aufgabe, die nicht in das Päckchen passt.
   Anschließend tauscht ihr die Karten (das Heft) und kontrolliert euch gegenseitig.
   Erklärt euch gegenseitig, warum die Aufgabe nicht passt.
   Weiterführung: Findet die passende Aufgabe.

3. **Spiel für 2 – 4 Spieler:** Legt die Karten mit den Stolperpäckchen verdeckt vor euch auf den Tisch. Deckt eine Karte auf. Findet die Aufgabe, die nicht in das Päckchen passt. Wer sie als Erster nennt, darf die Karte behalten. Gewonnen hat derjenige, der am Ende die meisten Karten hat.

Zahlbeziehungen

KV 7: Rechenkarten „Schlaue Päckchen“

5 + 1 = 5 + 2 = 5 + 3 = 5 + 4 = 5 + 5 =	8 + 2 = 7 + 2 = 6 + 2 = 5 + 2 = 4 + 2 =	5 + 5 = 6 + 6 = 7 + 7 = 8 + 8 = 9 + 9 =	5 + 5 = 4 + 6 = 3 + 7 = 2 + 8 = 1 + 9 =
16 − 6 = 16 − 7 = 16 − 8 = 16 − 9 = 16 − 10 =	15 − 0 = 14 − 0 = 13 − 0 = 12 − 0 = 11 − 0 =	20 − 10 = 19 − 10 = 18 − 10 = 17 − 10 = 16 − 10 =	10 − 1 = 9 − 2 = 8 − 3 = 7 − 4 = 6 − 5 =
3 + 3 = 3 + 4 = 3 + 5 = 3 + 6 = 3 + 7 =	10 + 5 = 11 + 5 = 12 + 5 = 13 + 5 = 14 + 5 =	10 + 1 = 11 + 2 = 12 + 3 = 13 + 4 = 14 + 5 =	10 + 7 = 9 + 7 = 8 + 7 = 7 + 7 = 6 + 7 =
2 − 1 = 4 − 2 = 6 − 3 = 8 − 4 = 10 − 5 =	15 − 5 = 16 − 5 = 17 − 5 = 18 − 5 = 19 − 5 =	10 − 2 = 10 − 4 = 10 − 6 = 10 − 8 = 10 − 10 =	17 − 7 = 16 − 6 = 15 − 5 = 14 − 4 = 13 − 3 =

KV 8: Rechenkarten „Stolperpäckchen“

6 + 5 = 6 + 4 = 6 + 9 = 6 + 2 = 6 + 1 =	15 + 2 = 14 + 2 = 13 + 2 = 16 + 2 = 11 + 2 =	10 + 10 = 9 + 9 = 8 + 8 = 7 + 7 = 6 + 5 =	2 + 8 = 3 + 7 = 4 + 6 = 5 + 1 = 6 + 4 =
18 − 8 = 18 − 7 = 18 − 3 = 18 − 5 = 18 − 4 =	12 − 2 = 11 − 2 = 10 − 2 = 9 − 2 = 2 − 2 =	10 − 1 = 9 − 2 = 8 − 3 = 7 − 6 = 6 − 5 =	20 − 5 = 19 − 5 = 13 − 5 = 17 − 5 = 16 − 5 =

Analogieaufgaben

Material: Zwanzigerfeld (S. 64), Wendeplättchen, ein Stück Pappe zum Abdecken

Vorbereitung: Das große Zwanzigerfeld (S. 64) wird einmal kopiert. In die obere Reihe des Zwanzigerfeldes werden in einer Farbe der Wendeplättchen und der passenden Größe Punkte gemalt, sodass alle zehn Felder belegt sind. Anschließend sollte das Zwanzigerfeld laminiert werden.

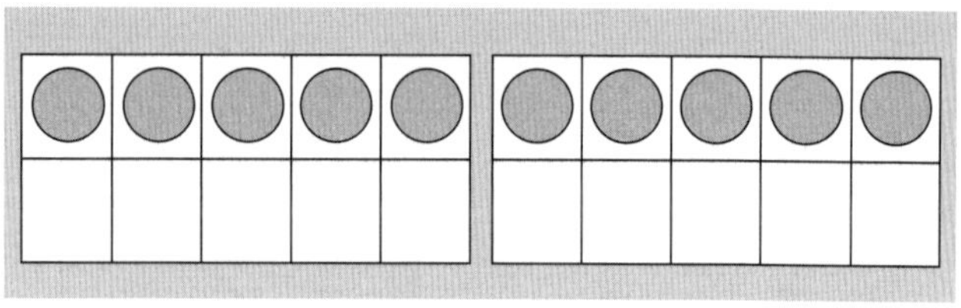

Übungsmöglichkeiten:

1. Suche dir einen Partner.
Deckt die obere Reihe des Zwanzigerfeldes mit einem Stück Pappe ab.
Nenne eine **Plusaufgabe** im Zahlenraum bis 10 (z. B. 4 + 4). Dein Partner legt die Aufgabe mit Plättchen in die untere Reihe, wie im Bild rechts. (Dabei liegt die Farbe vorn, die für die obere Reihe verwendet worden ist.)

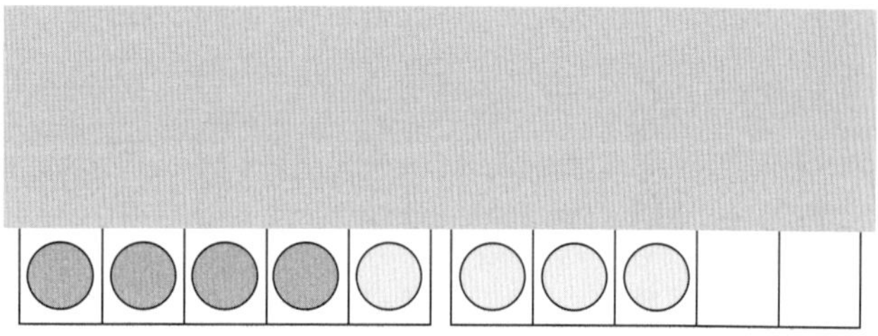

Schreibt die Aufgabe auf ein Blatt oder in euer Rechenheft und rechnet sie aus.
Nehmt nun die Pappe weg. Wie heißt die neue Aufgabe, die ihr seht?
Schreibt sie unter die erste Aufgabe und rechnet sie ebenfalls aus.
Fällt euch etwas auf? Beschreibt euch gegenseitig, was euch auffällt.
Anschließend deckt ihr die obere Reihe wieder ab und legt die nächste Aufgabe.

2. Suche dir einen Partner.
Deckt die obere Reihe des Zwanzigerfeldes mit einem Stück Pappe ab.
Nenne eine **Minusaufgabe** im Zahlenraum bis 10 (z. B. 8 – 4). Dein Partner legt die Aufgabe mit Plättchen in die untere Reihe, wie auf dem Bild rechts. (Dabei liegt die Farbe vorn, die für die obere
Reihe verwendet worden ist.)

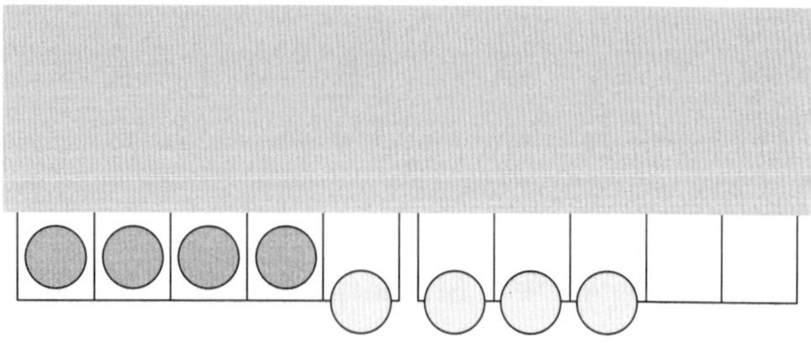

Schreibt die Aufgabe auf ein Blatt oder in euer Rechenheft und rechnet sie aus.
Nehmt nun die Pappe weg. Wie heißt die neue Aufgabe, die ihr seht?
Schreibt sie unter die erste Aufgabe und rechnet sie ebenfalls aus.
Fällt euch etwas auf? Beschreibt euch gegenseitig, was euch auffällt.

Umkehraufgaben

Material: Zwanzigerfeld (S. 64), Wendeplättchen

Übungsmöglichkeit:

Suche dir einen Partner.
Nenne eine **Plusaufgabe** im Zahlenraum bis 20. Dein Partner legt die Aufgabe mit Wendeplättchen auf das Zwanzigerfeld. Schreibt die Aufgabe mit dem Ergebnis auf.
Anschließend nennt dein Partner die **Umkehraufgabe (Minus)** und nimmt die passenden Plättchen wieder weg. Schreibt diese Minusaufgabe mit dem Ergebnis unter die Plusaufgabe.
Fällt euch etwas auf? Beschreibt euch gegenseitig, was euch auffällt.
Anschließend nennt dein Partner eine Plusaufgabe.

Ergänzen

Material: Wendeplättchen (oder ähnliches Material), Tuch, Zwanzigerfeld (S. 64), Beutel, Zahlenkarten (KV 2, S. 10)

Übungsmöglichkeiten:

1. Suche dir einen Partner. Lege eine bestimmte Anzahl Plättchen auf den Tisch. Zählt gemeinsam, wie viele es sind. Dein Partner hält sich die Augen zu und du verdeckst einen Teil der Plättchen mit dem Tuch. Dein Partner schaut, wie viele Plättchen noch zu sehen sind, und sagt, wie viele Plättchen du verdeckt hast. Überprüft die Antwort.
   Anschließend wechselt ihr.

2. Suche dir einen Partner. Lege eine bestimmte Anzahl Plättchen auf ein Zwanzigerfeld. Dein Partner nennt die richtige Zahl. Anschließend hält er sich die Augen zu und du nimmst einige Plättchen weg. Dein Partner schaut, wie viele Plättchen noch zu sehen sind, und sagt, wie viele Plättchen du weggenommen hast. Überprüft die Antwort. Anschließend wechselt ihr.

3. Suche dir einen Partner. Legt zusammen eine bestimmte Anzahl Plättchen in den Beutel. Zählt laut mit. Dann nimmst du einige Plättchen aus dem Beutel heraus, ohne dass dein Partner sieht, wie viele es sind. Dein Partner fühlt nun, wie viele Plättchen noch in dem Beutel sind, und findet so heraus, wie viele du herausgenommen hast.

4. Suche dir einen Partner. Legt die Zahlenkarten verdeckt auf einen Stapel vor euch auf den Tisch.
   Die Plättchen legt ihr alle in den Beutel. Dann deckt ihr eine Zahlenkarte auf, die euch sagt, wie viele Plättchen ihr aus dem Beutel herausnehmen müsst. Du greifst in den Beutel und holst eine beliebige Anzahl von Plättchen heraus. Dein Partner überlegt nun, wie viele Plättchen noch fehlen (oder zu viel sind), und holt den Rest aus dem Beutel (bzw. legt einige Plättchen zurück).
   Anschließend wechselt ihr und zieht eine neue Zahlenkarte.

Rechenzeichen

Material: Übungskarten (KV 9, unten), Folienstift, Wendeplättchen

Übungsmöglichkeiten:

1. Nimm dir eine Übungskarte und setze das richtige Rechenzeichen ein. Überprüfe, indem du deine Aufgabe mit Wendeplättchen legst.

5 ◯ 5 = 10

2. Suche dir einen Partner. Teilt die Übungskarten so auf, dass jeder die Hälfte hat. Setzt nun auf euren Karten die richtigen Rechenzeichen ein. Anschließend tauscht ihr eure Karten und kontrolliert euch gegenseitig.

3. Suche dir zwei oder drei Partner. Die Übungskarten liegen verdeckt vor euch auf dem Tisch. Eine Karte wird aufgedeckt. Jeder von euch schreibt die Aufgabe auf ein Blatt Papier oder in sein Rechenheft. Vergleicht eure Aufgaben miteinander. Wenn ihr unterschiedliche Rechenzeichen eingesetzt habt, kontrolliert, indem ihr die Aufgabe mit den Wendeplättchen legt.

KV 9: Übungskarten

6 ◯ 3 = 9	15 ◯ 2 = 13	20 ◯ 12 = 8
14 ◯ 5 = 19	12 ◯ 5 = 17	9 ◯ 5 = 4
2 ◯ 7 = 9	7 ◯ 7 = 14	7 ◯ 7 = 0
11 ◯ 1 = 12	6 ◯ 6 = 12	6 ◯ 6 = 0
3 ◯ 2 = 1	1 ◯ 2 = 3	15 ◯ 5 = 10
4 ◯ 4 = 8	8 ◯ 4 = 4	6 ◯ 5 = 11
17 ◯ 7 = 10	10 ◯ 7 = 17	10 ◯ 7 = 3
8 ◯ 3 = 11	8 ◯ 3 = 5	11 ◯ 1 = 10

Name: ______________________ Klasse: __________ Datum: ______________

Die Aufgabe war:

1. Färbe die größere Zahl.

7	12	13	16	5	3	18	15

2. Finde die Nachbarzahlen.

	11			6			17	

3. Zerlege.

9		
5	+	
	+	3
	+	

14		
	+	
	+	
	+	

4. Setze die Reihen fort.

1	3	5		

14	13	12		

5. Verdopple und halbiere.

3		7		9		10		4
6	12		10		16		2	

6. Rechne.

	1	+	8	=		
1	0	+	5	=		
1	6	+	3	=		
1	1	+	0	=		
	7	+		=	1	0
		+	5	=	1	0

1	6	–	6	=		
	8	–	5	=		
1	7	–	4	=		
1	8	–	0	=		
1	4	+		=	2	0
		+	3	=	2	0

ZAHLEN UND OPERATIONEN 1

LÖSUNGEN ✔

1. Färbe die größere Zahl.

7	12

13	16

5	3

18	15

2. Finde die Nachbarzahlen.

10	11	**12**

5	6	**7**

16	17	**18**

3. Zerlege. (Leere Felder: Individuelle Lösungen)

	9	
5	+	**4**
6	+	3
7	+	**2**

	14	
	+	
	+	
	+	

4. Setze die Reihen fort.

1	3	5	**7**	**9**

14	13	12	**11**	**10**

5. Verdopple und halbiere.

3	**6**	7	**5**	9	**8**	10	**1**	4
6	12	**14**	10	**18**	16	**20**	2	**8**

6. Rechne.

	1	+	8	=		**9**
1	0	+	5	=	**1**	**5**
1	6	+	3	=	**1**	**9**
1	1	+	0	=	**1**	**1**
	7	+	**3**	=	1	0
	5	+	5	=	1	0

1	6	−	6	=	**1**	**0**
	8	−	5	=		**3**
1	7	−	4	=	**1**	**3**
1	8	−	0	=	**1**	**8**
1	4	+	**6**	=	2	0
1	**7**	+	3	=	2	0

ZAHLEN UND OPERATIONEN 2

LERNSTANDSERMITTLUNG

Name: ____________________ Klasse: __________ Datum: ______________

Die Aufgabe war: ☺ / 😐 / ☹

1. Geheimschrift. Ergänze.

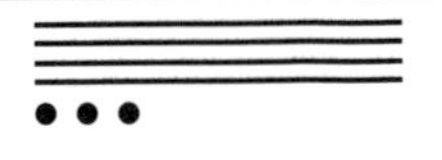	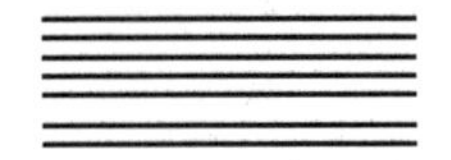		
		35	69

2. Setze > oder < passend ein.

35		46

90		60

57		75

3. Finde die Nachbarzahlen.

	45	

	89	

	31	

4. Setze die Reihen fort.

42	44	46		

15	20	25		

5. Verbinde.

2 | 25 | 48 | 60 | 75 | 90

6. Verdopple und halbiere.

10	31			25	40		49	
		28	100			42		66

7. Rechne.

5	+	4	=	
25	+	4	=	
60	+	30	=	
25	+	25	=	
31	+	32	=	
33	+	17	=	

8	−	3	=	
28	−	3	=	
66	−	0	=	
50	−	40	=	
65	+		=	100
100	=	30	+	

ZAHLEN UND OPERATIONEN 2

LÖSUNGEN

1. Geheimschrift. Ergänze.

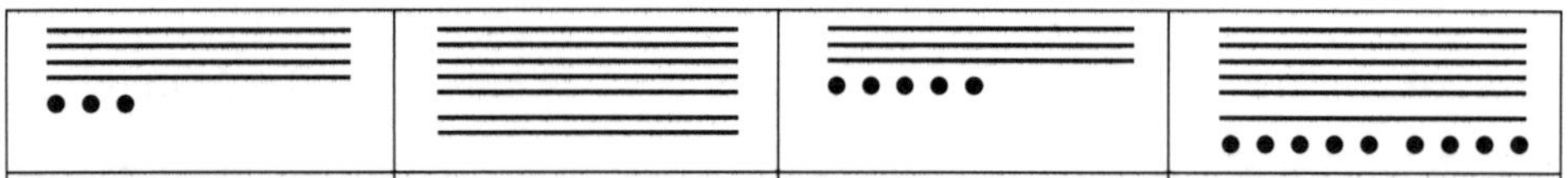

43	**70**	35	69

2. Setze > oder < passend ein.

35	**<**	46		90	**>**	60		57	**<**	75

3. Finde die Nachbarzahlen.

44	45	**46**		**88**	89	**90**		**30**	31	**32**

4. Setze die Reihen fort.

42	44	46	**48**	**50**		15	20	25	**30**	**35**

5. Verbinde.

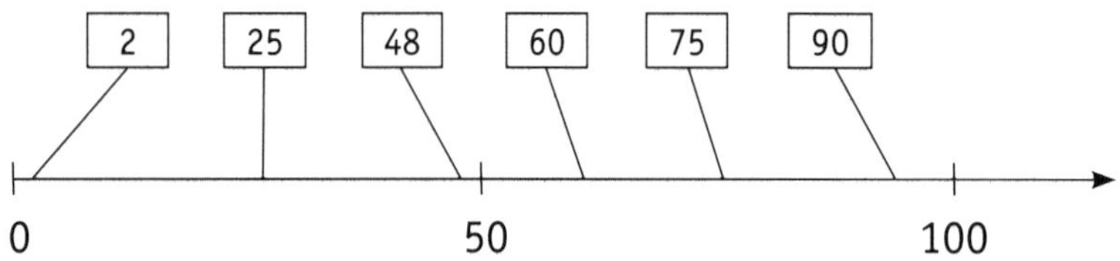

6. Verdopple und halbiere.

10	31	**14**	**50**	25	40	**21**	49	**33**
20	**62**	28	100	**50**	**80**	42	**98**	66

7. Rechne.

5	+	4	=	**9**		8	–	3	=	**5**
25	+	4	=	**29**		28	–	3	=	**25**
60	+	30	=	**90**		66	–	0	=	**66**
25	+	25	=	**50**		50	–	40	=	**10**
31	+	32	=	**63**		65	+	**35**	=	100
33	+	17	=	**50**		100	=	30	+	**70**

ZAHLEN UND OPERATIONEN 2

KOMMENTARE UND FÖRDEREMPFEHLUNGEN

Fehlerbeschreibung	Beispiel	Förderempfehlungen
Eine Vielzahl von Fehlern ergibt sich daraus, dass das **Verständnis von Zahlen als Zusammensetzung aus anderen Zahlen** (z. B. 45 = 40 und 5) noch nicht verinnerlicht wurde. Symptomatisch ist das **Festhalten am ordinalen Zahlenprinzip,** d. h., eine Zahl wird nur als Position in einer Reihe wahrgenommen. Es fehlt die **Einsicht in die Struktur der Zahlen,** z. B. in das Zehner-Stellenwertsystem (45 = 4 Z und 5 E). Ausdruck dieser Schwierigkeiten ist die Strategie des **zählende Rechnens,** Hilfsstrukturen werden nicht genutzt, sondern es werden Einer abgezogen oder hinzugefügt (z. B. 70 – 20 = 70 Einer – 20 Einer, nicht 7 Z – 2 Z). Darüber hinaus kann eine fehlerhafte Bearbeitung **andere Ursachen** haben. Auch hier, wie bei allen Aufgaben können die Ergebnisse der Kinder nur Anhaltspunkte für eine Fehleranalyse sein. In jedem Fall sollten die Rechenwege der Kinder beobachtet, erfragt und mit in die Betrachtung einbezogen werden.		
Aufgabe 1	**Orientierung im Zahlenraum bis 20: Zahldarstellung**	
Weglassen der Einer → Zehner werden nicht erkannt Vertauschen von Einern und Zehnern → Unterscheidung von Zehnern und Einern nicht klar Addition von Einern und Zehnern → Nicht-Kenntnis der Darstellung → mangelndes Zahlverständnis	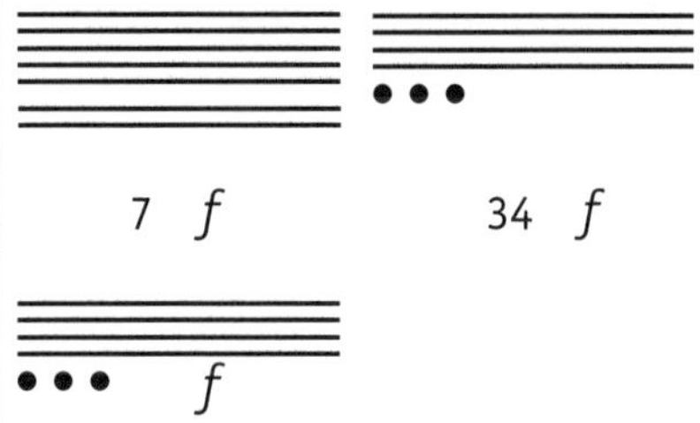	• Fördermaterial „Dezimales Stellenwertsystem" (Seiten 38 – 42) • Aufgaben zum Bündeln mit konkretem Zählmaterial
Aufgabe 2	**Orientierung im Zahlenraum bis 100: Zahlen vergleichen**	
> < -Zeichen falsch gesetzt → Bedeutung von Zehnern und Einern nicht klar → Vertauschen von Einer- und Zehnerstelle → Nicht-Kenntnis der Zeichen → keine oder falsche Mengenvorstellung	57 > 75 *f* 35 < 46 *f* 90 > 60 *f* 57 < 75 *f*	• Fördermaterial „Dezimales Stellenwertsystem" (Seiten 38 – 42) • Fördermaterial „Strukturierte Zahldarstellungen" (Seiten 43–45) • Fördermaterial „Mengenvorstellung und Ordnungsrelationen" (Seite 46) • Mengenvergleiche mit Plättchen
Aufgabe 3	**Orientierung im Zahlenraum bis 100: Nachbarzahlen**	
Vorgänger und Nachfolger falsch eingesetzt, z. B. - Vertauschen von Einer und Zehner (der Zahl in der Mitte) - Vertauschen von Vorgänger und Nachfolger - Einsetzen der Nachbarzehner → mangelnde Orientierung im Zahlenraum bis 100 → Unsicherheit in der Zahlwortreihe	**53** 45 **55** *f* 53 als Vorgänger und 55 als Nachfolger von 54 wäre richtig **46** 45 **44** *f* **40** 45 **50** *f*	• Fördermaterial „Zählkompetenz" (Seiten 33 – 37) • Fördermaterial „Dezimales Stellenwertsystem" (Seiten 38 – 42) • Fördermaterial „Strukturierte Zahldarstellungen" (Seiten 43 – 45) • Handelndes Erfassen mit konkretem Zählmaterial
Aufgabe 4	**Orientierung im Zahlenraum bis 100: Reihen**	
Scheinbar willkürlicher Einsatz von Zahlen → Reihenaufbau (Systematik der 2er- bzw. 5er-Sprünge) nicht verstanden → Nachfolger eingesetzt Zählfehler → Aufgabe durch Abzählen gelöst	42 44 46 **44** **47** *f* 15 20 25 **26** **27** *f* 15 20 25 **30** **34** *f*	• Fördermaterial „Strukturen erkennen" (Seiten 11, 12) • Fördermaterial „Strukturierte Zahldarstellungen" (Seiten 43 – 45) • Handelndes Bündeln und Erfassen mit konkretem Zählmaterial

Aufgabe 5	**Orientierung im Zahlenraum bis 100: Zahlenstrahl**	
Zahlen falsch mit Zahlenstrahl verbunden → Probleme bei der Zahlvorstellung → keine oder mangelnde Orientierung im Zahlenraum bis 100	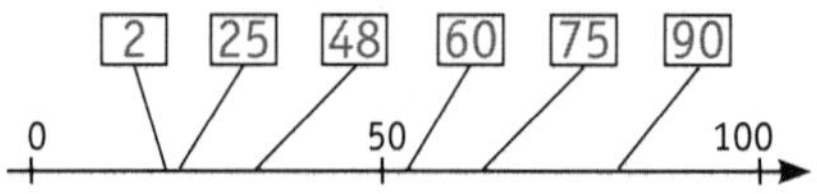	• Fördermaterial „Dezimales Stellenwertsystem“ (Seiten 38 – 42) • Fördermaterial „Strukturierte Zahldarstellungen“ (Seiten 43 – 45) • Fördermaterial „Mengenvorstellung und Ordnungsrelationen“ (Seite 46)
Aufgabe 6	**Verdoppeln und Halbieren**	
Verständnisfehler → keine oder mangelhafte Mengenvorstellung Ablesefehler → Aufgabe mithilfe der Hundertertafel falsch gelöst Operationsfehler → Halbieren/Verdoppeln nicht/falsch verstanden → Halbieren statt Verdoppeln oder umgekehrt Zählfehler → Aufgabe durch Abzählen (z. B. auf der Hundertertafel) gelöst	10 · 31 · **12** · **35** · **49** · *f* **30** · **60** · 28 · 42 · **81** · *f*	• Fördermaterial „Zerlegungen“ (Seiten 16 – 21) • Fördermaterial „Dezimales Stellenwertsystem“ (Seiten 38 – 42) • Legen von Halbierungs-/Verdopplungsaufgaben mit konkretem Material (Plättchen, Perlen ...)
Aufgabe 7	**Addition, Subtraktion, Ergänzen**	
Zählfehler → Aufgabe durch Abzählen (z. B. auf der Hundertertafel) gelöst	25 + 4 = **28** *f* 70 – 40 = **31** *f* 28 – 3 = **26** *f*	• Fördermaterial „Dezimales Stellenwertsystem“ (Seiten 38 – 42) • Legen von Additions- und Subtraktionsaufgaben mithilfe der Zehnerstreifen/Einerquadrate
Verständnisfehler → keine oder mangelnde Einsicht in die Operationen Addition/Subtraktion → Nicht-Nutzung von Hilfsaufgaben und vereinfachenden Strukturen	60 + 30 = **40** *f* 28 – 3 = **14** *f* 31 + 32 = **1** *f* 60 + 30 = **79** *f* (Hilfsaufgabe: 6 + 3 = 9)	• Fördermaterial „Zerlegungen“ (Seiten 16 – 21) • Fördermaterialien „Analogieaufgaben“ (Seiten 24, 48 – 53) • Legen von Additions-/Subtraktionsaufgaben mit Materialien (Plättchen, Perlen, ...) • Fördermaterial „Übungen zur Addition und Subtraktion“ (Seiten 54 – 59) • Fördermaterial „Ergänzen“ (Seiten 60, 61)
Vorhandene Faktoren werden versucht, zu addieren bzw. zu subtrahieren → kein oder mangelndes Verständnis des Ergänzens	65 + **165** = 100 *f* 65 – **650** = 100 *f* 100 + 30 = **130** *f*	
Rechenzeichenfehler → falsche Interpretation/Vertauschen des Rechenzeichens	33 + 17 = **16** *f* 50 – 40 = **90** *f*	• Fördermaterial „Rechenzeichen“ (Seite 47)
Fehler mit der Null → Überbewertung der Null als leere Menge	66 – 0 = **0** *f*	• Additions- und Subtraktionsaufgaben mit dem Faktor 0 mit Material legen oder am Rechenschieber darstellen

Zählkompetenz

Vorbereitung: Die Zahlenkarten (KV 10 a/10 b, S. 34/35) und die Zahlenquizkarten (KV 11 a/11 b, S. 36/37) werden kopiert, laminiert und ausgeschnitten.

Übungsmöglichkeiten:

1. Nimm die Zahlenkarten und sortiere sie der Größe nach. Beginne mit der 1 (mit der 100) und sprich dabei laut die Zahlen.
   Variante: Nimm dir nur die grauen (die weißen) Zahlenkarten und sortiere sie ebenso. Sprich auch hier die Zahlen laut. In welchen Schritten hast du gezählt?

2. Suche dir zwei oder drei Mitspieler. Legt alle Zahlenkarten (oder einen Teil) verdeckt vor euch auf den Tisch. Einer dreht nun eine Karte um, die anderen müssen die entsprechende Zahl nennen. Derjenige, der die Zahl als Erster richtig genannt hat, darf die Karte behalten. Wer am Ende die meisten Karten hat, hat gewonnen.

3. **Zahlen schnappen:** Suche dir zwei oder drei Mitspieler. Legt alle Zahlenkarten (oder einen Teil) offen vor euch auf den Tisch. Einer von euch nennt eine Zahl. Die anderen müssen nun so schnell wie möglich die Karte mit dieser Zahl finden. Derjenige, der sie als Erster gefunden hat, darf sie behalten. Dann nennt ein anderer eine Zahl. Wer am Ende die meisten Karten hat, hat gewonnen.
   Variante: Ihr nennt keine einzelne Zahl, sondern eine Bedingung, z. B. „alle Zahlen zwischen 50 und 60" oder „alle Zahlen, die größer als 80 sind".

4. **Zahlenrätsel:** Suche dir einen Partner. Legt die Karten mit dem Zahlenrätsel verdeckt vor euch auf den Tisch. Einer von euch zieht eine Karte und liest sie vor. Dein Partner versucht nun, die Frage zu beantworten. Wechselt euch ab.

Weitere Übungsmöglichkeiten:

Zusätzliches Material: 1 Ball, Bingokarten (S. 64)

1. **Bingo:** Suche dir mindestens zwei Partner. Einer von euch ist der Spielleiter, die anderen füllen eine Bingokarte (3 x 3 oder 4 x 4) mit Zahlen eines bestimmten Zahlenraums (z. B. 40 – 60, „größer als 50", 1–100 etc.) aus. Jede Zahl darf nur einmal vorkommen. Die Zahlenkarten des entsprechenden Zahlenraums liegen verdeckt auf dem Tisch. Der Spielleiter zieht jeweils eine Zahlenkarte und nennt die Zahl. Wenn du diese auf deiner Bingokarte findest, kreuze sie an. Wer zuerst eine Reihe senkrecht, waagerecht oder diagonal komplett hat, ruft „Bingo" und hat gewonnen. Nun ist ein anderes Kind Spielleiter.

2. Suche dir einen oder mehrere Partner. Setzt euch in einen Kreis oder einander gegenüber auf den Boden. Nun rollt ihr den Ball immer einem Mitspieler zu. Dabei zählt ihr laut (z. B. vorwärts, rückwärts, in 2er-Schritten, 5er-Schritten, 10er-Schritten, ...).

Zählkompetenz

KV 10 a: Zahlenkarten (1 – 50)

1	2	3	4	5
6	7	8	9	10
11	12	13	14	15
16	17	18	19	20
21	22	23	24	25
26	27	28	29	30
31	32	33	34	35
36	37	38	39	40
41	42	43	44	45
46	47	48	49	50

Zählkompetenz

KV 10 b: Zahlenkarten (51 – 100)

51	52	53	54	55
56	57	58	59	60
61	62	63	64	65
66	67	68	69	70
71	72	73	74	75
76	77	78	79	80
81	82	83	84	85
86	87	88	89	90
91	92	93	94	95
96	97	98	99	100

Zählkompetenz

KV 11a: Zahlenrätsel

Welche Zahlen liegen zwischen 60 und 70?
Lösung:
61, 62, 63, 64, 65, 66, 67, 68, 69

Zähle rückwärts von 55 bis 45!
Lösung:
55, 54, 53, 52, 51, 50, 49, 48, 47, 46, 45

Welche Zahlen liegen zwischen 38 und 46?
Lösung:
39, 40, 41, 42, 43, 44, 45

Die Zahl heißt 77. Wie heißen die Nachbarzehner?
Lösung:
70 und 80

Zähle vorwärts von 32 bis 42!
Lösung:
32, 33, 34, 35, 36, 37, 38, 39, 40, 41, 42

Die Zahl heißt 38. Wie heißen die Nachbarzehner?
Lösung:
30 und 40

Zähle rückwärts von 84 bis 74!
Lösung:
84, 83, 82, 81, 80, 79, 78, 77, 76, 75, 74

Die Zahl heißt 92. Wie heißen die Nachbarzehner?
Lösung:
90 und 100

Zählkompetenz

KV 11b: Zahlenrätsel

Welche Zahlen liegen zwischen 40 und 50? **Lösung:** **41, 42, 43, 44, 45, 46, 47, 48, 49**	Zähle vorwärts von 89 bis 99! **Lösung:** **89, 90, 91, 92, 93, 94, 95, 96, 97, 98, 99**
Welche Zahlen liegen zwischen 25 und 35? **Lösung:** **26, 27, 28, 29, 30, 31, 32, 33, 34**	Die Zahl heißt 69. Wie heißen die Nachbarzehner? **Lösung:** **60 und 70**
Zähle vorwärts von 29 bis 39! **Lösung:** **29, 30, 31, 32, 33, 34, 35, 36, 37, 38, 39**	Die Zahl heißt 41. Wie heißen die Nachbarzehner? **Lösung:** **40 und 50**
Zähle rückwärts von 49 bis 39! **Lösung:** **49, 48, 47, 46, 45, 44, 43, 42, 41, 40, 39**	Die Zahl heißt 85. Wie heißen die Nachbarzehner? **Lösung:** **80 und 90**

Dezimales Stellenwertsystem

Vorbereitung: KV 13, S. 41 pro Kind einmal auf farbige Pappe kopieren (alternativ auf farbiges Papier und anschließend laminieren) und in zehn Zehnerstreifen zerschneiden. KV 13 noch einmal auf eine andersfarbige Pappe kopieren und jeweils einen Zehnerstreifen pro Kind in zehn Einerquadrate zerschneiden, sodass pro Kind zehn Zehnerstreifen und zehn Einerquadrate vorhanden sind. Es bietet sich an, für jedes Kind einen entsprechenden Satz bereitzustellen, da dieser immer wieder als Übungs- oder Anschauungsmaterial genutzt werden kann.
KV 12 a, S. 39, als Arbeitsblatt kopieren oder KV 12 b, S. 40, nach Bedarf ausfüllen und kopieren.
KV 14, S. 41, kopieren, laminieren und auseinanderschneiden.

Zusätzliches Material: Steine, Plättchen oder anderes Zählmaterial (100 Stück pro Kind)

Übungsmöglichkeiten:

1. Nimm dir eine Schachtel mit Steinen oder Plättchen und deine Zehnerstreifen und Einerquadrate.
   Greife einmal in die Schachtel und finde heraus, wie viele Steine oder Plättchen du herausgenommen hast. Lege immer für zehn Steine oder Plättchen einen Zehnerstreifen. Bleiben einzelne Steine oder Plättchen übrig, lege dafür jeweils ein Einerquadrat. So kannst du erkennen, wie viele Steine oder Plättchen es sind.

2. Suche dir einen Partner. Ihr braucht eure Zehnerstreifen und Einerquadrate.
   Nenne deinem Partner eine Zahl zwischen 1 und 100. Er muss die Zahl nun mit den Streifen und Punkten legen. Wechselt euch ab.
   Variante: Nennt auch die Plusaufgabe (Zehnerzahl + Einerzahl, z. B. 60 + 8).
   Variante: Lege mit den Streifen und den Quadraten eine Zahl zwischen 1 und 100.
   Dein Partner nennt nun die Plusaufgabe (Zehnerzahl + Einerzahl, z. B. 70 + 3) und die Zahl.

3. Nimm dir ein Arbeitsblatt und deine Zehnerstreifen und Einerquadrate.
   Lege die angegebene Aufgabe und fülle das Arbeitsblatt wie im Beispiel aus.

4. Nimm dir die Aufgabenkarten und deine Zehnerstreifen und Einerquadrate.
   Lege zuerst die Zahl, die auf der Aufgabenkarte steht. Versuche nun, die zweite Zahl dazuzulegen. Überlege, wie du das geschickt mit deinen Zehnerstreifen und Einerquadraten löst, denn du hast nur zehn Einerquadrate.
   Variante: Schreibe zu jeder Aufgabenkarte eine Plusaufgabe mit dem Ergebnis auf.

Dezimales Stellenwertystem

KV 12 a: Zahldarstellungen

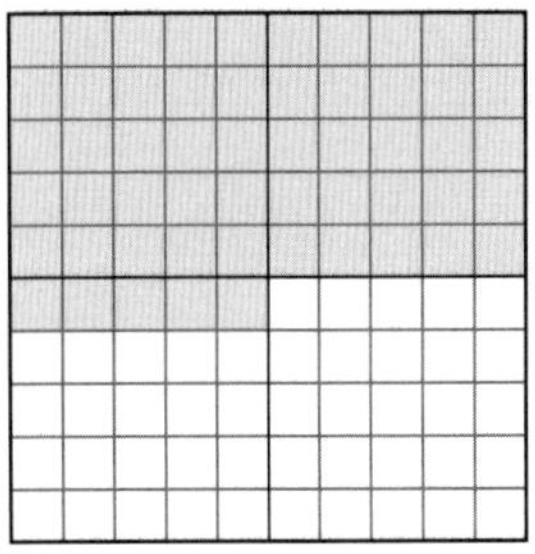

Zehner	Einer
5	5

50 + 5

Zahl
55

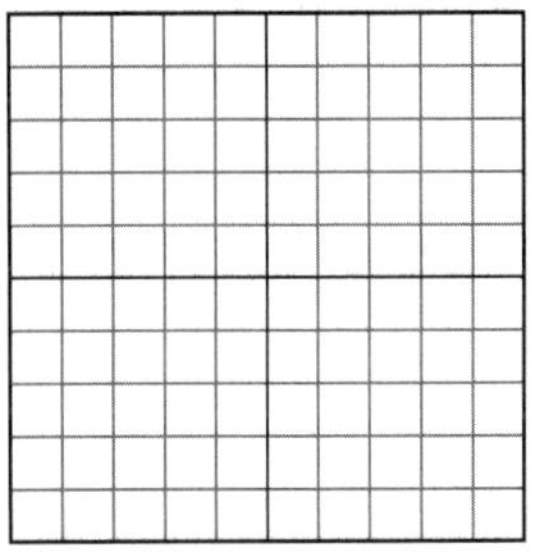

Zehner	Einer
3	7

Zahl

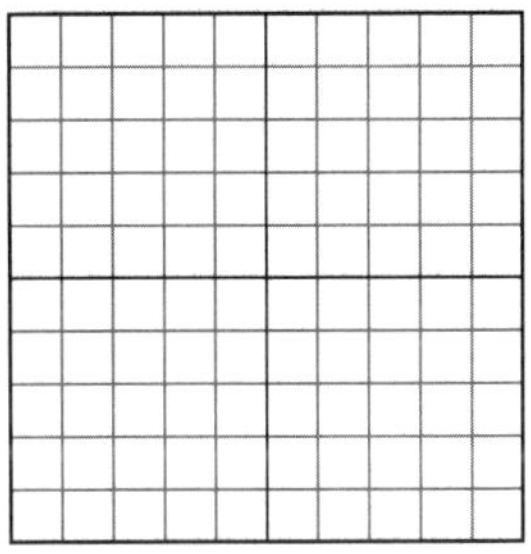

Zehner	Einer

20 + 3

Zahl

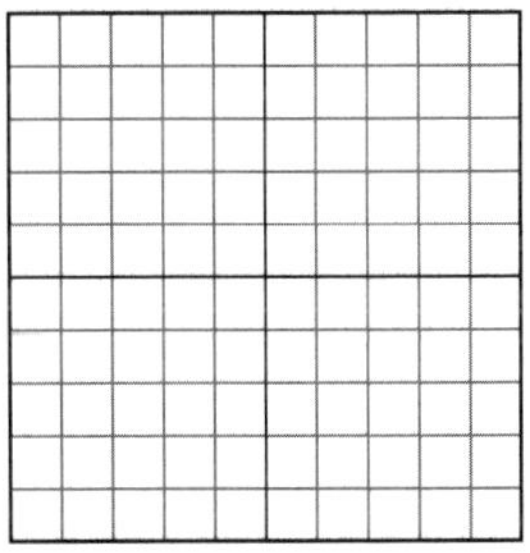

Zehner	Einer

Zahl
44

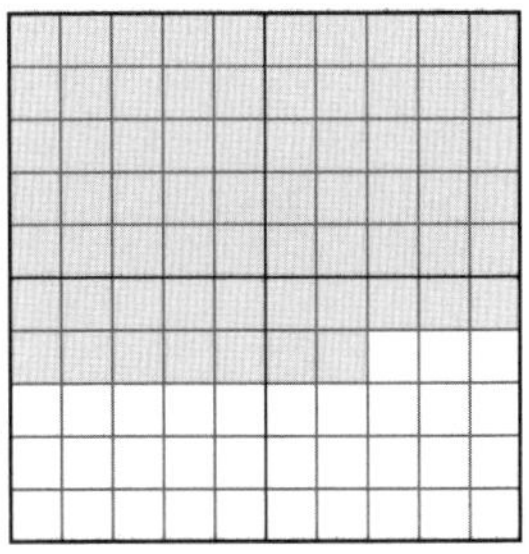

Zehner	Einer

Zahl

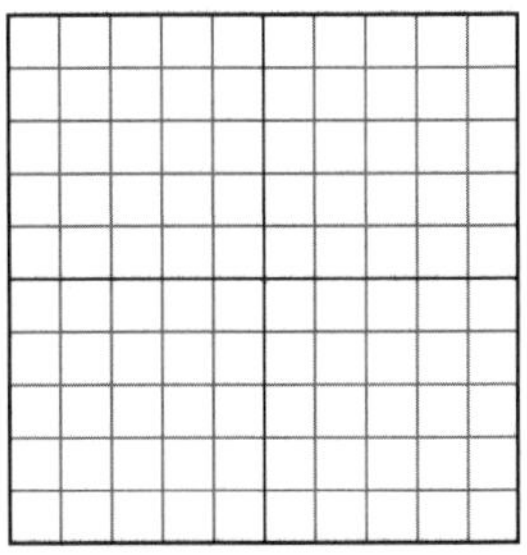

Zehner	Einer
8	1

Zahl

Dezimales Stellenwertystem

KV 12 b: Zahldarstellungen (Blankovorlage)

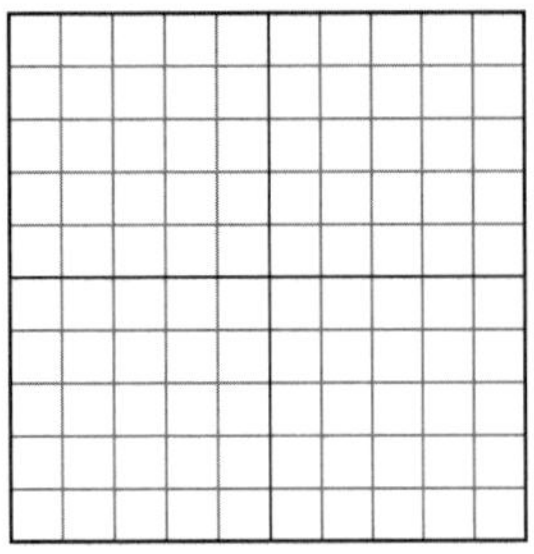

Zehner	Einer

Zahl

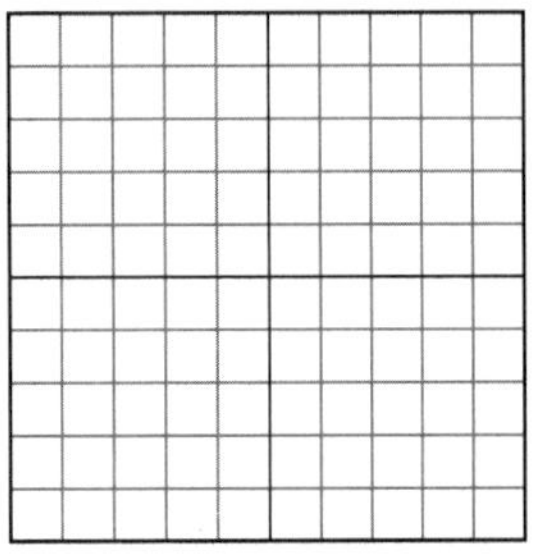

Zehner	Einer

Zahl

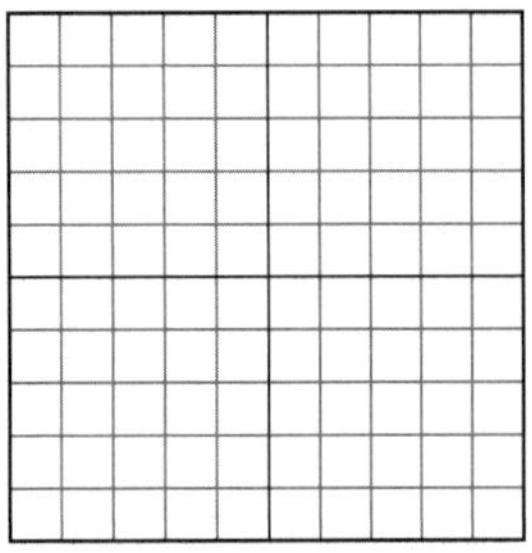

Zehner	Einer

Zahl

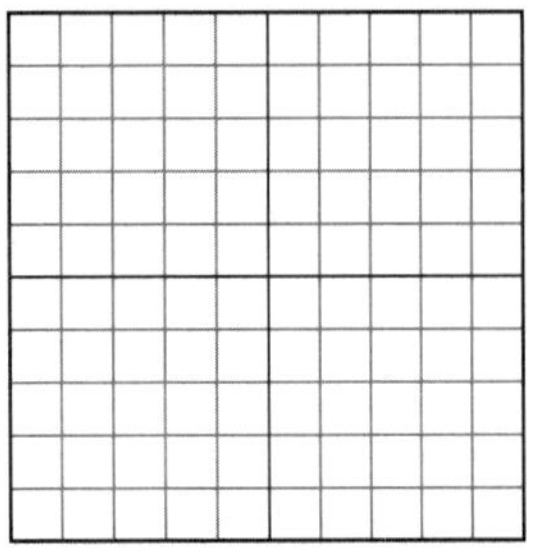

Zehner	Einer

Zahl

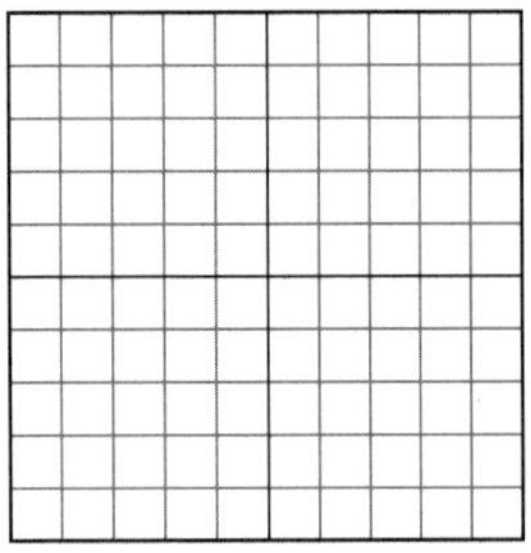

Zehner	Einer

Zahl

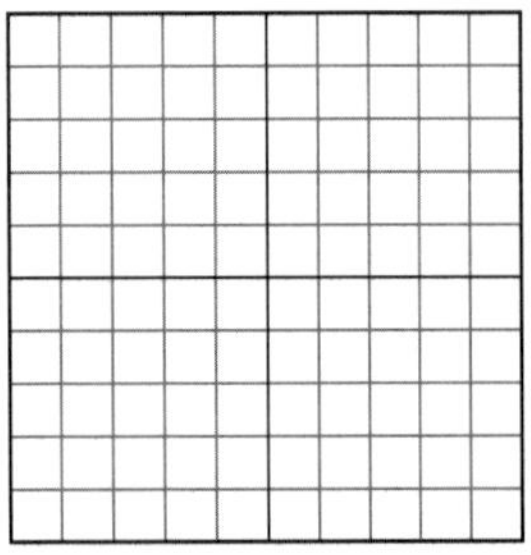

Zehner	Einer

Zahl

Dezimales Stellenwertsystem

KV 13: Hunderterfeld

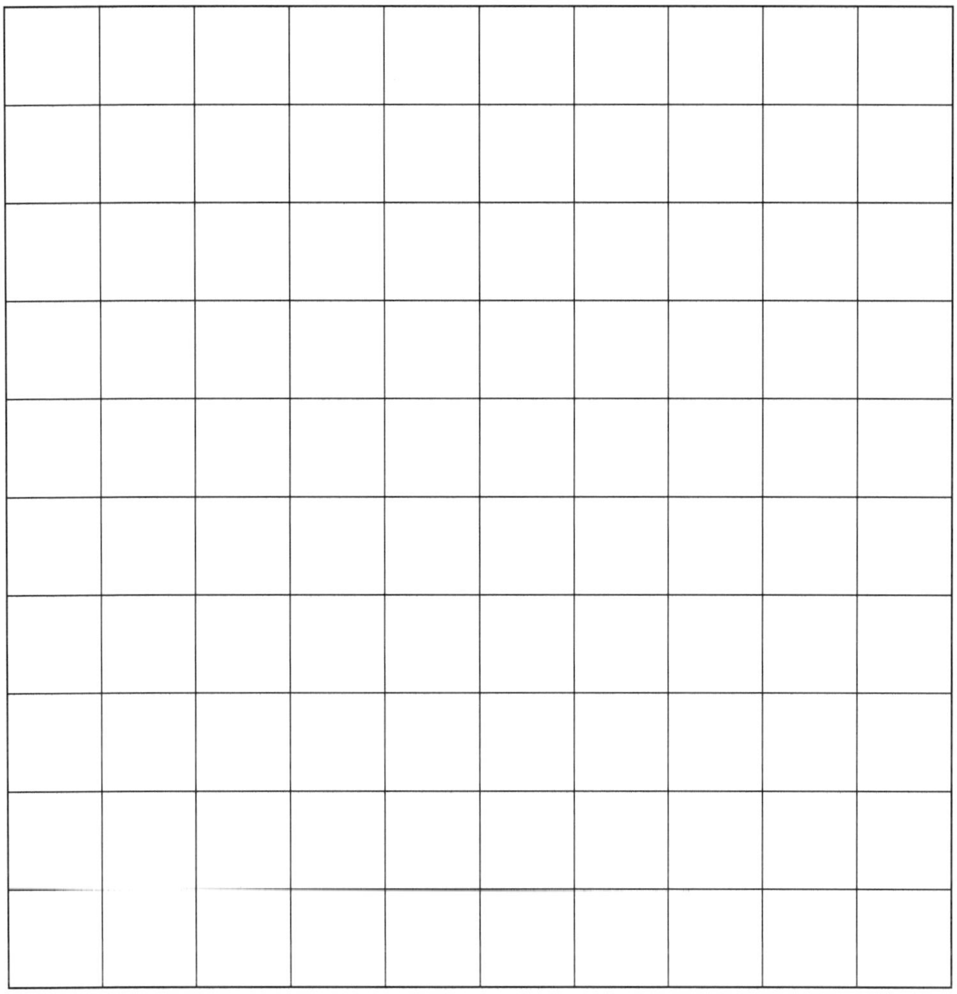

KV 14: Aufgabenkarten (Plus)

Lege **28.** Lege **33** dazu.	Lege **65.** Lege **26** dazu.	Lege **48.** Lege **35** dazu.	Lege **59.** Lege **22** dazu.
Lege **24.** Lege **68** dazu.	Lege **37.** Lege **46** dazu.	Lege **74.** Lege **18** dazu.	Lege **19.** Lege **54** dazu.
Lege **88.** Lege **9** dazu.	Lege **45.** Lege **26** dazu.	Lege **52.** Lege **39** dazu.	Lege **67.** Lege **14** dazu.

Dezimales Stellenwertsystem

KV 15: Stellenwerttafel

Hunderter	Zehner	Einer

Vorbereitung: Stellenwerttafel (KV 15, oben) kopieren und laminieren.

Zusätzliches Material: Wendeplättchen, Steine oder anderes Zählmaterial, Zahlenkarten 1–100 (KV 10 a/10 b, S. 34/35), Zehnerstreifen und Einerquadrate (KV 13, S. 41), Aufgabenkarten (KV 14, S. 41)

Übungsmöglichkeiten:

1. Du brauchst eine Stellenwerttafel, Plättchen oder Steine und die Zahlkarten 1 – 100. Die Karten liegen verdeckt vor dir auf dem Tisch. Ziehe eine Karte und lege die Zahl mit möglichst wenig Plättchen oder Steinen in der Stellenwerttafel nach.
   Variante: Nimm auch deine Zehnerstreifen und Einerquadrate und lege die Zahl damit nach.

2. Suche dir einen Partner. Ihr braucht eine Stellenwerttafel und Plättchen oder Steine. Einer sagt eine Zahl, der andere legt die Zahl mit Plättchen oder Steinen in die Stellenwerttafel oder umgekehrt.

3. Suche dir einen Partner: Ihr braucht die Stellenwerttafel, Steine oder Plättchen und eure Zehnerstreifen und Einerquadrate. Einer von euch legt eine Zahl mit den Zehnerstreifen und Einerquadraten, der andere nennt die Zahl und legt sie mit Plättchen oder Steinen in die Stellenwerttafel oder umgekehrt.

4. Du brauchst eine Stellenwerttafel, Plättchen oder Steine und die Aufgabenkarten. Ziehe eine Karte und lege die erste Zahl mit Plättchen in die Stellenwerttafel. Dann lege die zweite Zahl dazu. Benutze so wenig Plättchen wie möglich.

Strukturierte Zahldarstellungen

Übungen an und mit der Hundertertafel

Vorbereitung: Die Hundertertafel (KV 16, S. 44) wird für jedes Kind kopiert und laminiert. Zusätzlich wird die Hundertertafel (KV 16) auf verschiedene farbige Blätter kopiert, laminiert und in acht bis zwölf Teile entlang der Linien als Puzzle auseinandergeschnitten.

Zusätzliches Material: Kleine Wendeplättchen oder Steine, farbige Folienstifte

Übungsmöglichkeiten:

1. Suche dir einen Partner. Nehmt euch jeder eine Hundertertafel und farbige Folienstifte. Stellt euch gegenseitig Aufgaben, z. B. „Umkreise alle Zahlen rot, die vorn eine 3 haben!", „Umkreise alle Zehnerzahlen grün!" oder „Umkreise alle Zahlen, die hinten eine 7 haben!". Wenn jeder von euch drei Aufgaben ausgeführt hat, schaut euch die Hundertertafel an und versucht zu erklären, warum genau dieses Muster entstanden ist.

2. Suche dir einen Partner. Nehmt euch jeder eine Hundertertafel und zehn kleine Plättchen oder Steine. Jeder von euch verdeckt nun auf seiner Tafel fünf Zahlen mit den Plättchen oder mit den Steinen. Erratet immer abwechselnd eine verdeckte Zahl. Wenn ihr richtig geraten habt, dürft ihr den Stein oder das Plättchen nehmen.

3. Nimm dir ein Hunderterpuzzle und setze es zusammen.

4. **Schiffe versenken:** Suche dir einen Partner. Nehmt euch jeder zwei Hundertertafeln und zwölf Plättchen oder Steine. Stellt zwei Bücher zwischen euch, sodass ihr die Hundertertafel eures Partners nicht sehen könnt. Legt nun immer drei Plättchen nebeneinander, untereinander oder diagonal auf eine Hundertertafel. Derjenige, der anfängt, nennt eine Zahl. Hat er damit ein „Schiff" des anderen getroffen, bekommt er das Plättchen oder den Stein und darf noch eine Zahl nennen. Kreuzt auf der zweiten Hundertertafel die Zahlen an, die ihr schon genannt habt. Kreist die Zahlen ein, bei denen ihr ein Schiff des anderen getroffen habt. So wisst ihr, wo ihr suchen müsst. Wer zuerst alle „Schiffe" des anderen gefunden hat, hat gewonnen.

5. **Zahlenrätsel:** Suche dir einen oder mehrere Partner. Nehmt euch eine Hundertertafel. Einer von euch denkt sich nun eine Zahl und gibt den anderen nach und nach Hinweise auf die Zahl, z. B. „Meine Zahl ist größer/kleiner als …", „Meine Zahl hat vorn/hinten eine …", „Meine Zahl liegt zwischen … und …" oder „Meine Zahl ist eine/keine Zehnerzahl". Die anderen Kinder müssen versuchen, die Zahl zu raten.
Tipp: Legt Steine oder Plättchen auf die Zahlen, die nicht mehr infrage kommen.

Strukturierte Zahldarstellungen

KV 16: Hundertertafel

1	2	3	4	5	6	7	8	9	10
11	12	13	14	15	16	17	18	19	20
21	22	23	24	25	26	27	28	29	30
31	32	33	34	35	36	37	38	39	40
41	42	43	44	45	46	47	48	49	50
51	52	53	54	55	56	57	58	59	60
61	62	63	64	65	66	67	68	69	70
71	72	73	74	75	76	77	78	79	80
81	82	83	84	85	86	87	88	89	90
91	92	93	94	95	96	97	98	99	100

Strukturierte Zahldarstellungen

Übungen an und mit dem Zahlenstrahl

Vorbereitung: Zahlenstrahl von ca. 2 m Länge (siehe Beispiel) auf den Boden kleben oder auf ein Stück Tapete zeichnen.

Beispiel:

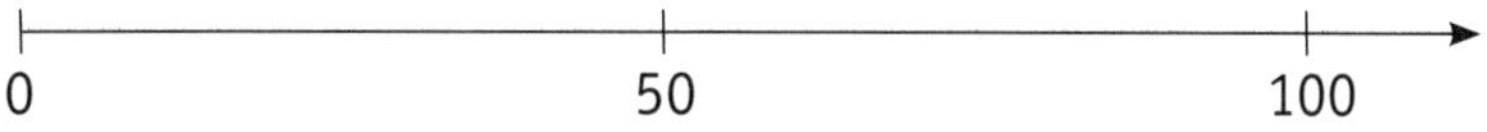

Zusätzliches Material: Zahlenkarten (KV 10a/10b, S. 34/35)

Übungsmöglichkeiten:

1. Diese Übung kannst du allein oder mit einem Partner machen. Du brauchst die Zahlenkarten von 1–100 und einen großen Zahlenstrahl.
Suche alle Zehnerzahlen heraus. Überlege, wo welche Zahl auf dem Zahlenstrahl hingehört, und lege sie an die passende Stelle.
Ordne nun die übrigen Zahlen zwischen die Zehnerzahlen ein.

2. Suche dir einen Partner. Ihr braucht die Zahlenkarten von 1–100 und einen großen Zahlenstrahl. Zieht aus den Zahlenkarten zehn Karten und versucht, sie an der richtigen Stelle auf den Zahlenstrahl zu legen. Überlegt gemeinsam und besprecht, warum ihr sie an die entsprechende Stelle legen wollt.

3. Suche dir einen Partner. Ihr braucht die Zahlenkarten von 1–100 und einen großen Zahlenstrahl. Einer von euch zieht nun eine Karte und legt sie auf den Zahlenstrahl. Der Partner nennt nun die Nachbarzahlen, sucht sie heraus und legt sie ebenfalls auf den Zahlenstrahl.
Tipp: Überlegt vorher, wie man die Zahlenkarten sortieren kann, damit ihr bei den Nachbarzahlen nicht so lange suchen müsst.
Variante: Sucht die Nachbarzehner heraus.

4. Diese Übung kannst du mit einem Partner oder allein machen. Du brauchst die Zahlenkarten von 1–100 und einen großen Zahlenstrahl.
Suche alle Zahlenkarten heraus, die hinten eine 0 oder eine 5 haben. Lege sie auf den Zahlenstrahl und zähle anschließend laut nach.
Variante: Suche alle Zahlenkarten heraus, die hinten eine 2, 4, 6, 8 oder 0 haben.
Variante: Suche alle Zahlenkarten heraus, die hinten eine 1, 3, 5, 7 oder 9 haben.
Fällt euch etwas auf? Besprecht das Muster, das ihr gelegt habt. Findet ihr eine Rechenregel?

Mengenvorstellung und Ordnungsrelationen

Vorbereitung: Zehnerstreifen und Einerquadrate (KV 13, S. 41) werden entsprechend der Anleitung auf Seite 38 vorbereitet. Die Karten mit < und > (KV 17 s. unten) werden kopiert, laminiert und ausgeschnitten. Zusätzlich wird KV 17 als Arbeitsblatt kopiert.

Zusätzliches Material: Zahlenkarten (KV 10 a/10 b, S. 34/35)

Übungsmöglichkeiten:

1. Suche dir einen oder mehrere Partner. Ihr braucht die Zahlenkarten von 1–100 und eure Zehnerstreifen und Einerquadrate. Die Zahlenkarten werden gemischt und verdeckt auf den Tisch gelegt.
   Jeder von euch zieht nun eine Karte und legt die entsprechende Zahl mit den Zehnerstreifen und Einerquadraten. Überlegt gemeinsam, wer von euch die höchste Zahl hat und warum. Derjenige, der die höchste Zahl hat, darf alle Zahlenkarten dieser Runde einsammeln und behalten.
   Wer am Ende die meisten Karten hat, hat gewonnen.

2. Diese Übung kannst du allein oder mit einem Partner machen. Ihr braucht die Zahlenkarten von 1–100 und die Karten mit < und >.
   Die Zahlenkarten liegen verdeckt vor euch auf dem Tisch. Zieht fünf Karten, sortiert sie der Größe nach und legt die passenden Zeichen dazwischen. Überlegt gemeinsam und besprecht euch, z. B. „23 ist kleiner als …" oder „35 ist größer als …"

3. Du brauchst ein Arbeitsblatt und die Zahlenkarten von 1–100. Ziehe immer zwei Karten und trage beide Zahlen in Kästchen auf deinem Arbeitsblatt ein. Überlege, welche Zahl rechts oder links stehen muss. Achte auf die Zeichen!

KV 17: AB „Ordnungsrelationen"

<	>	>	<
<	<	>	>
>	>	<	<
<	>	<	>
>	<	>	>
>	<	<	<

Rechenzeichen

KV 18: AB „Plus (+) oder Minus (–)“

1. Setze + oder – ein.

35		23	=	58
67		14	=	53
61		40	=	21
79		7	=	86
48		22	=	70
91		32	=	59

28		28	=	56
28		27	=	1
99		33	=	66
52		17	=	69
37		6	=	43
37		6	=	31

19		20	=	39
45		15	=	30
71		20	=	51
89		5	=	94
16		16	=	32
44		8	=	36

Gibt es einen Trick, wie du direkt erkennen kannst, ob du + oder – einsetzen musst?

KV 19: AB „Richtig oder falsch?“

1. Prüfe, ob die Aufgaben richtig oder falsch sind. Wenn sie falsch sind, streiche das falsche Ergebnis durch und schreibe die richtige Aufgabe darunter.

26	–	5	=	31

68	–	18	=	50

52	+	12	=	40

72	+	21	=	93

59	–	33	=	92

88	–	11	=	99

43	+	23	=	66

26	–	13	=	39

45	+	20	=	65

37	+	18	=	55

28	+	28	=	0

65	–	20	=	85

Analogieaufgaben

KV 19: AB „Addieren von glatten Zehnerzahlen"

1. Rechne aus. Rechne zuerst die grauen Hilfsaufgaben.

6	+	3	=	
60	+	30	=	

8	+	2	=	
80	+	20	=	

5	+	5	=	
50	+	50	=	

4	+	3	=	
40	+	30	=	

6	+	1	=	
60	+	10	=	

7	+	2	=	
70	+	20	=	

3	+	5	=	
30	+	50	=	

2	+	4	=	
20	+	40	=	

1	+	8	=	
10	+	80	=	

2. Finde selbst die Hilfsaufgabe.

70	+	10	=	

30	+	20	=	

40	+	20	=	

20	+	50	=	

60	+	40	=	

10	+	50	=	

50	+	30	=	

80	+	10	=	

60	+	20	=	

50	+	40	=	

40	+	40	=	

30	+	10	=	

Analogieaufgaben

KV 20: AB „Subtrahieren von glatten Zehnerzahlen“

1. Rechne aus. Rechne zuerst die grauen Hilfsaufgaben.

7	–	2	=	
70	–	20	=	

9	–	1	=	
90	–	10	=	

6	–	3	=	
60	–	30	=	

5	–	2	=	
50	–	20	=	

4	–	2	=	
40	–	20	=	

8	–	3	=	
80	–	30	=	

2	–	1	=	
20	–	10	=	

6	–	5	=	
60	–	50	=	

7	–	6	=	
70	–	60	=	

2. Finde selbst die Hilfsaufgabe.

70	–	50	=	

80	–	40	=	

90	–	60	=	

40	–	30	=	

60	–	40	=	

30	–	20	=	

50	–	30	=	

80	–	50	=	

70	–	40	=	

30	–	20	=	

40	–	10	=	

90	–	60	=	

Analogieaufgaben

KV 21: AB „Addieren von Einern ohne Zehnerübergang"

1. Rechne aus. Rechne zuerst die grauen Hilfsaufgaben.
Tipp: Lege die Aufgaben mit deinen Zehnerstreifen und Einerquadraten.

5	+	3	=	
15	+	3	=	
35	+	3	=	
55	+	3	=	

4	+	2	=	
24	+	2	=	
44	+	2	=	
74	+	2	=	

3	+	6	=	
13	+	6	=	
53	+	6	=	
83	+	6	=	

2	+	5	=	
42	+	5	=	
72	+	5	=	
82	+	5	=	

6	+	3	=	
36	+	3	=	
56	+	3	=	
96	+	3	=	

1	+	7	=	
21	+	7	=	
61	+	7	=	
71	+	7	=	

2. Finde selbst die Hilfsaufgabe.

34	+	3	=	
64	+	3	=	
94	+	3	=	

27	+	2	=	
37	+	2	=	
67	+	2	=	

42	+	6	=	
72	+	6	=	
82	+	6	=	

13	+	5	=	
33	+	5	=	
73	+	5	=	

25	+	4	=	
65	+	4	=	
85	+	4	=	

32	+	7	=	
52	+	7	=	
92	+	7	=	

Analogieaufgaben

KV 22: AB „Subtrahieren von Einern ohne Zehnerübergang"

1. Rechne aus. Rechne zuerst die grauen Hilfsaufgaben.
Tipp: Lege die Aufgaben mit deinen Zehnerstreifen und Einerquadraten.

9	–	2	=	
29	–	2	=	
59	–	2	=	
89	–	2	=	

6	–	4	=	
36	–	4	=	
66	–	4	=	
96	–	4	=	

5	–	3	=	
45	–	3	=	
75	–	3	=	
85	–	3	=	

7	–	5	=	
17	–	5	=	
57	–	5	=	
87	–	5	=	

8	–	6	=	
28	–	6	=	
48	–	6	=	
78	–	6	=	

9	–	7	=	
39	–	7	=	
69	–	7	=	
99	–	7	=	

2. Finde selbst die Hilfsaufgabe.

38	–	5	=	
58	–	5	=	
88	–	5	=	

16	–	3	=	
46	–	3	=	
76	–	3	=	

25	–	4	=	
65	–	4	=	
95	–	4	=	

37	–	4	=	
67	–	4	=	
97	–	4	=	

19	–	6	=	
59	–	6	=	
79	–	6	=	

24	–	2	=	
54	–	2	=	
84	–	2	=	

Analogieaufgaben

KV 23: AB „Ergänzen zum Nachbarzehner, Addition“

1. Rechne aus. Rechne zuerst die grauen Hilfsaufgaben.
Tipp: Lege die Aufgaben mit deinen Zehnerstreifen und Einerquadraten.

7	+		=	10
17	+		=	20
37	+		=	40
57	+		=	60

5	+		=	10
25	+		=	30
45	+		=	50
75	+		=	80

8	+		=	10
18	+		=	20
58	+		=	60
88	+		=	90

4	+		=	10
44	+		=	50
54	+		=	60
84	+		=	90

9	+		=	10
39	+		=	40
59	+		=	60
79	+		=	80

3	+		=	10
23	+		=	30
63	+		=	70
73	+		=	80

2. Finde selbst die Hilfsaufgabe.

36	+		=	40
66	+		=	70
86	+		=	90

22	+		=	30
32	+		=	40
62	+		=	70

41	+		=	50
71	+		=	80
81	+		=	90

14	+		=	20
34	+		=	40
74	+		=	80

23	+		=	30
63	+		=	70
83	+		=	90

27	+		=	30
47	+		=	50
67	+		=	70

Analogieaufgaben

KV 24: AB „Ergänzen zum Nachbarzehner, Subtraktion"

1. Rechne aus. Rechne zuerst die grauen Hilfsaufgaben.
Tipp: Lege die Aufgaben mit deinen Zehnerstreifen und Einerquadraten.

11	–		=	10
21	–		=	20
51	–		=	50
81	–		=	80

15	–		=	10
35	–		=	30
65	–		=	60
95	–		=	90

17	–		=	10
47	–		=	40
77	–		=	70
87	–		=	80

19	–		=	10
29	–		=	20
59	–		=	50
89	–		=	80

16	–		=	10
26	–		=	20
46	–		=	40
76	–		=	70

12	–		=	10
32	–		=	30
62	–		=	60
92	–		=	90

2. Finde selbst die Hilfsaufgabe.

33	–		=	30
53	–		=	50
83	–		=	80

28	–		=	20
48	–		=	40
78	–		=	70

24	–		=	20
64	–		=	60
94	–		=	90

37	–		=	30
67	–		=	60
97	–		=	90

49	–		=	40
69	–		=	60
79	–		=	70

36	–		=	30
56	–		=	50
86	–		=	80

Übungen zur Addition/Subtraktion

Addieren/Subtrahieren ohne Zehnerübergang

Vorbereitung: Die Zehnerstreifen und Einerquadrate (KV 13, S. 41) werden entsprechend der Anleitung auf Seite 38 vorbereitet, Aufgabenkarten (KV 25, S. 55) kopiert, laminiert und auseinandergeschnitten. (Die grau hinterlegten Aufgaben sind etwas schwieriger.)

Übungsmöglichkeit:

Du brauchst deine Zehnerstreifen und Einerquadrate, die Aufgabenkarten, dein Rechenheft und einen Stift.
Die Aufgabenkarten liegen verdeckt vor dir auf dem Tisch. Ziehe eine Karte und lege die oberste Aufgabe mit deinen Zehnerstreifen und Einerquadraten. (Achte auf + oder –!) Schreibe die Aufgabe mit dem Ergebnis auf. Anschließend lege geschickt die zweite Aufgabe und schreibe auch diese auf.
Bearbeite so alle Aufgaben auf der Karte.
Tipp: Du kannst diese Übung auch gut mit einem Partner machen. Überlegt gemeinsam, wie ihr die Aufgaben geschickt legen könnt. Schaut euch eure Aufgaben und Ergebnisse an.
Fällt euch etwas auf?
Könnt ihr erklären, wie die Ergebnisse zustande kommen?

Addieren/Subtrahieren von Einern mit Zehnerübergang

Vorbereitung: KV 26/27, S. 56/57, kopieren und bereitlegen.

Übungsmöglichkeit:

Suche dir einen Partner. Nehmt euch ein Arbeitsblatt und einen Stift. Rechnet. Beginnt immer mit den grauen Aufgaben und rechnet erst danach die Aufgaben darunter. Was fällt euch auf?
Tipp: Legt die Aufgaben mit Zehnerstreifen und Einerquadraten.

Addieren/Subtrahieren mit Zehnerübergang

Vorbereitung: KV 28/29, S. 58/59, kopieren und bereitlegen.

Übungsmöglichkeit:
Suche dir einen Partner.
Nehmt euch ein Arbeitsblatt und einen Stift.
Schaut euch die erste Aufgabe genau an und überlegt gemeinsam, wie ihr sie am besten rechnet.
Schreibt eure Rechenschritte auf. So bearbeitet ihr alle Aufgaben auf dem Blatt.
Tipp: Überlegt auch, welche Hilfsmittel ihr benutzen könntet.

Übungen zur Addition/Subtraktion

Addieren/Subtrahieren ohne Zehnerübergang

KV 25: Aufgabenkarten

24 + 12	13 + 15	25 + 24	17 + 12
34 + 12	13 + 25	35 + 24	17 + 32
54 + 12	13 + 45	55 + 24	17 + 52
64 + 12	13 + 65	65 + 24	17 + 62
74 + 12	13 + 85	75 + 24	17 + 72
87 – 24	78 – 14	95 – 25	66 – 13
67 – 24	78 – 24	85 – 25	66 – 23
47 – 24	78 – 34	65 – 25	66 – 33
37 – 24	78 – 54	45 – 25	66 – 43
27 – 24	78 – 64	35 – 25	66 – 53
21 + 15	32 + 16	86 – 22	69 – 16
31 + 15	32 + 26	76 – 22	69 – 26
41 + 15	32 + 36	66 – 22	69 – 36
51 + 15	32 + 46	56 – 22	69 – 46
61 + 15	32 + 56	46 – 22	69 – 56
14 + 13	16 + 12	85 + 12	73 + 14
24 + 23	36 + 12	75 + 22	63 + 24
34 + 33	46 + 22	65 + 32	53 + 34
44 + 43	46 + 32	55 + 42	43 + 44
54 + 43	56 + 32	45 + 52	33 + 54
99 – 62	67 – 54	96 – 74	98 – 14
89 – 52	57 – 44	86 – 64	88 – 24
79 – 42	47 – 34	76 – 54	78 – 34
69 – 32	57 – 24	66 – 44	68 – 44
59 – 22	67 – 14	56 – 34	58 – 54

Übungen zur Addition/Subtraktion

Addieren von Einern mit Zehnerübergang

KV 26: Aufgabenmuster

1. Rechne aus. Rechne zuerst die graue Aufgabe.
Tipp: Lege die Aufgaben mit deinen Zehnerstreifen und Einerquadraten.

28	+	2	=	
28	+	3	=	
28	+	4	=	
28	+	5	=	

35	+	5	=	
35	+	6	=	
35	+	7	=	
35	+	8	=	

64	+	6	=	
64	+	7	=	
64	+	8	=	
64	+	9	=	

47	+	3	=	
47	+	4	=	
47	+	5	=	
47	+	6	=	

56	+	4	=	
56	+	5	=	
56	+	6	=	
56	+	7	=	

78	+	2	=	
78	+	3	=	
78	+	4	=	
78	+	5	=	

2. Wie geht es weiter? Finde es heraus.

89	+	1	=	
89	+	2	=	
89	+	3	=	
89	+		=	
	+		=	
	+		=	

38	+	2	=	
38	+	3	=	
38	+	4	=	
38	+		=	
	+		=	
	+		=	

67	+	3	=	
67	+	4	=	
67	+	5	=	
67	+		=	
	+		=	
	+		=	

Suche dir einen Partner.
Erkläre ihm, wie du gerechnet hast und warum du so gerechnet hast!

Übungen zur Addition/Subtraktion

Subtrahieren von Einern mit Zehnerübergang

KV 27: Aufgabenmuster

1. Rechne aus. Rechne zuerst die graue Aufgabe.
Tipp: Lege die Aufgaben mit deinen Zehnerstreifen und Einerquadraten

34	–	4	=	
34	–	5	=	
34	–	6	=	
34	–	7	=	

56	–	6	=	
56	–	7	=	
56	–	8	=	
56	–	9	=	

72	–	2	=	
72	–	3	=	
72	–	4	=	
72	–	5	=	

65	–	5	=	
65	–	6	=	
65	–	7	=	
65	–	8	=	

83	–	3	=	
83	–	4	=	
83	–	5	=	
83	–	6	=	

97	–	7	=	
97	–	8	=	
97	–	9	=	
97	–	10	=	

2. Wie geht es weiter? Finde es heraus.

61	–	1	=	
61	–	2	=	
61	–	3	=	
61	–		=	
	–		=	
	–		=	

44	–	4	=	
44	–	5	=	
44	–	6	=	
44	–		=	
	–		=	
	–		=	

75	–	5	=	
75	–	6	=	
75	–	7	=	
75	–		=	
	–		=	
	–		=	

Suche dir einen Partner.
Erkläre ihm, wie du gerechnet hast und warum du so gerechnet hast!

Übungen zur Addition/Subtraktion

KV 28: Addieren mit Zehnerübergang

1. Überlegt, wie ihr rechnet, und schreibt euren Rechenweg auf.

4	7	+	2	5	=		

3	8	+	1	5	=		

5	7	+	3	6	=		

5	3	+	2	9	=		

2	6	+	4	6	=		

7	8	+	1	7	=		

1	9	+	4	8	=		

5	8	+	2	3	=		

4	4	+	2	9	=		

3	5	+	1	9	=		

Übungen zur Addition/Subtraktion

KV 29: Subtrahieren mit Zehnerübergang

1. Überlegt, wie ihr rechnet, und schreibt euren Rechenweg auf.

9	3	–	2	5	=		

7	6	–	4	8	=		

8	2	–	3	7	=		

3	4	–	1	9	=		

4	7	–	2	9	=		

6	1	–	3	3	=		

2	4	–	1	8	=		

7	2	–	4	5	=		

6	6	–	3	9	=		

9	5	–	5	8	=		

Ergänzen

Vorbereitung: Die Kopiervorlagen KV 30/31, S. 61 werden kopiert und die Zehnerstreifen und Einerquadrate wie auf Seite 38 beschrieben vorbereitet.
Die Zahlenkarten (KV 10 a/10 b, S. 34/35) werden kopiert, laminiert und ausgeschnitten.

Übungsmöglichkeiten:

1. Nimm dir das Arbeitsblatt mit den **Plusaufgaben** und deine Zehnerstreifen und Einerquadrate. Schau dir die erste Aufgabe gut an. Lege zuerst die Zahl in dem hellgrauen Kästchen. Überlege dann, wie viele Streifen oder Einer du noch **dazulegen** musst, damit du die Zahl in dem dunkelgrauen Kästchen erhältst. Trage das Ergebnis in das leere Kästchen ein. Nun bearbeite die nächste Aufgabe.

2. Nimm dir das Arbeitsblatt mit den **Minusaufgaben** und deine Zehnerstreifen und Einerquadrate. Bearbeite die Aufgabe so, wie bei den Plusaufgaben beschrieben. Lege zunächst die Zahl in dem hellgrauen Kästchen, überlege aber dann, wie viele Streifen oder Einer du **wegnehmen** musst, damit du die Zahl in dem dunkelgrauen Kästchen erhältst.
Beide Übungen kannst du auch gut mit einem Partner machen. Erklärt euch dann gegenseitig, warum ihr was macht.

3. Suche dir einen Partner. Nehmt eure Zehnerstreifen und Einerquadrate und die Zahlenkarten. Die Zahlenkarten werden gemischt und liegen verdeckt vor euch auf dem Tisch.
Einer von euch zieht eine Karte, nennt die Zahl und legt sie mit den Zehnerstreifen und Einerquadraten. Der andere zieht nun die nächste Zahl, nennt sie und überlegt sich, was er von der zuvor gelegten Zahl wegnehmen oder zu ihr dazulegen muss, damit die neue Zahl gelegt ist.
Dann zieht ihr wieder die nächste Zahl, usw.
Beispiel: Du ziehst die 42 und legst vier Zehnerstreifen und zwei Einerquadrate.
Dann zieht dein Partner die 67. Er muss dann zwei Zehnerstreifen und drei Einerquadrate dazulegen.
Dann ziehst du die 55. Nun musst du einen Zehnerstreifen und zwei Einerquadrate wegnehmen ...

Ergänzen

KV 30

47	+		=	67	23	+		=	35	67	+		=	90
28	+		=	50	72	+		=	90	34	+		=	55
37	+		=	47	58	+		=	72	40	+		=	80
82	+		=	99	71	+		=	91	54	+		=	80
30	+		=	60	25	+		=	50	36	+		=	58
63	+		=	80	10	+		=	40	13	+		=	45

KV 31

90	–		=	80	68	–		=	41	35	–		=	15
54	–		=	31	60	–		=	30	75	–		=	58
99	–		=	1	82	–		=	52	46	–		=	23
81	–		=	79	57	–		=	30	43	–		=	38
32	–		=	0	28	–		=	15	88	–		=	44
67	–		=	42	73	–		=	50	24	–		=	24

ZAHLEN UND OPERATIONEN 2

ERFOLGSÜBERPRÜFUNG

Name: ______________________ Klasse: __________ Datum: ______________

Die Aufgabe war:

1. Geheimschrift. Ergänze.

	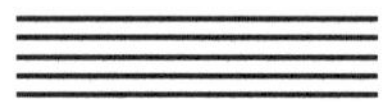		
		70	47

2. Setze > oder < passend ein.

43		52		80		70		56		65

3. Finde die Nachbarzahlen.

	37				49				61	

4. Setze die Reihen fort.

34	36	38				45	50	55		

5. Verbinde.

10 21 40 52 70 88

6. Verdopple und halbiere.

20	41			50	30		48	
		26	50			62		88

7. Rechne.

4	+	3	=			9	–	2	=	
24	+	3	=			29	–	2	=	
70	+	20	=			88	–	0	=	
35	+	35	=			60	–	30	=	
41	+	42	=			75	+		=	100
52	+	18	=			100	=	40	+	

ZAHLEN UND OPERATIONEN 2

LÖSUNGEN

Name: ______________________ Klasse: __________ Datum: ______________

1. Geheimschrift. Ergänze.

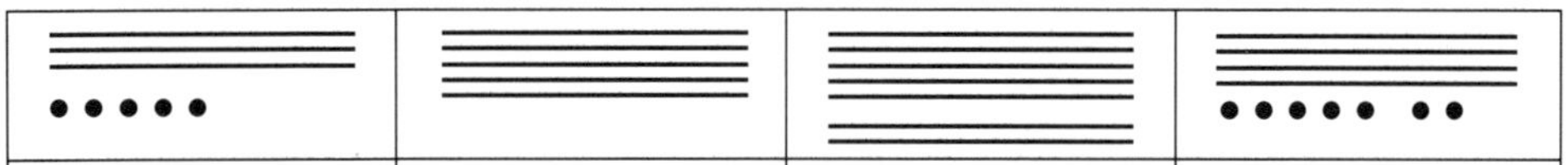

35	**50**	70	47

2. Setze > oder < passend ein.

43	<	52	80	>	70	56	<	65

3. Finde die Nachbarzahlen.

36	37	**38**	**48**	49	**50**	**60**	61	**62**

4. Setze die Reihen fort.

34	36	38	**40**	**42**

45	50	55	**60**	**65**

5. Verbinde.

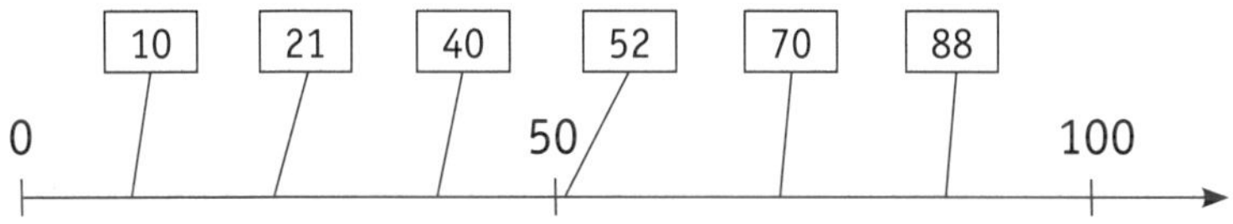

6. Verdopple und halbiere.

20	41	**13**	**25**	50	30	**31**	48	**44**
40	**82**	26	50	**100**	**60**	62	**96**	88

7. Rechne.

4	+	3	=	**7**
24	+	3	=	**27**
70	+	20	=	**90**
35	+	35	=	**70**
41	+	42	=	**83**
52	+	18	=	**70**

9	−	2	=	**7**
29	−	2	=	**27**
88	−	0	=	**88**
60	−	30	=	**30**
75	+	**25**	=	100
100	=	40	+	**60**

Zahlenstreifen

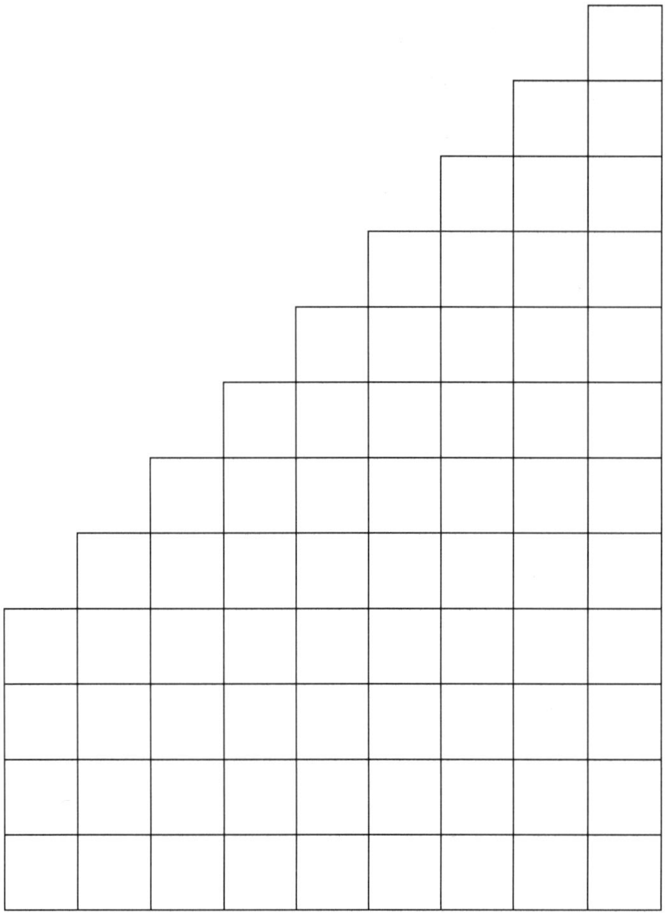

Bingokarte (4 x 4)

Bingokarte (3 x 3)

Zwanzigerfeld